Quantitative Sozialforschung

Die Springer-Reihe „Quantitative Sozialforschung“ hat zum Ziel, Methoden und Verfahren der quantitativen Sozialforschung leicht zugänglich, kompakt und anwendungsorientiert zu vermitteln. Jeder Band ist in sich abgeschlossen und bietet auf rund 100 Seiten einen Überblick über methodische Grundlagen, Voraussetzungen und Anwendungen eines bestimmten Verfahrens der quantitativen Sozialforschung. Zielpublikum sind Studierende und Forschende, die sich einen grundlegenden Überblick über ein Verfahren verschaffen wollen. Detailliert aufbereitete Beispiele sowie online bereitgestellte Daten und Syntaxdateien versetzen die Leserinnen und Leser in die Lage, konkrete Arbeitsschritte nachzuvollziehen und die Verfahren in der Folge selbst anzuwenden.

Thematisch nimmt die Reihe aktuelle Entwicklungen in den quantitativ orientierten Sozialwissenschaften auf, diskutiert jedoch auch methodologische Voraussetzungen und grundlagentheoretische Aspekte. Das thematische Spektrum erstreckt sich von statistischen Grundlagen wie Kreuztabellen, Korrelation und Regressionsverfahren über fortgeschrittene multivariate Verfahren wie Korrespondenzanalyse, Mehrebenenanalyse und Analyse latenter Klassen, als auch Umgang mit speziellen Datentypen wie Aggregat-, Geo- und Ereignisdaten. Weiterhin sollen Methoden der Datenerhebung, von der standardisierten Befragung bis zur Sammlung digitaler Daten, behandelt werden. Ergänzend dazu beinhaltet die Reihe auch Querschnittsthemen wie Datenaufbereitung und -visualisierung, Gewichtung und Imputation sowie Einführungen in entsprechende Software.

Die Autorinnen und Autoren haben nicht nur große Expertise auf dem jeweiligen Gebiet, sondern vor allem auch den Anspruch, die Inhalte so aufzubereiten, dass sie für alle Interessierten verständlich sind. Die verwendeten Beispiele kommen aus den Sozialwissenschaften und sind für Studierende wie Forschende inhaltlich gut nachvollziehbar. Die Reihe zeichnet sich besonders durch ihren starken Anwendungsbezug und die Verwendung frei zugänglicher Daten und Open-Source-Software wie R oder Python aus. Die verwendeten Beispieldaten, Syntaxdateien und andere elektronische Materialien werden auf GitHub bereitgestellt.

Fabian Mundt · Kenneth Horvath

R Essentials

Einführung in die moderne sozialwissenschaftliche Datenanalyse

Springer VS

Fabian Mundt
Inst of General & Historical Education
Karlsruhe University of Education
Karlsruhe, Baden-Württemberg
Deutschland

Kenneth Horvath
Erziehungs- und Sozialwissenschaften
Pädagogische Hochschule Zürich
Zürich, Schweiz

ISSN 2662-9143 ISSN 2662-9151 (electronic)
Quantitative Sozialforschung
ISBN 978-3-658-48793-5 ISBN 978-3-658-48794-2 (eBook)
https://doi.org/10.1007/978-3-658-48794-2

Die Deutsche Nationalbibliothek verzeichnet diese Publikation in der Deutschen Nationalbibliografie; detaillierte bibliografische Daten sind im Internet über https://portal.dnb.de abrufbar.

Planung/Lektorat: Katrin Emmerich
Springer VS ist ein Imprint der eingetragenen Gesellschaft Springer Fachmedien Wiesbaden GmbH und ist ein Teil von Springer Nature.
Die Anschrift der Gesellschaft ist: Abraham-Lincoln-Str. 46, 65189 Wiesbaden, Germany

Einführung

Vor wenigen Jahren noch etwas für Spezialistinnen und Spezialisten, ist R heute aus der Welt der sozialwissenschaftlichen Datenanalyse nicht mehr wegzudenken. Dafür gibt es viele Gründe. An erster Stelle liegt es wohl an der Flexibilität und Vielseitigkeit, die R in Zeiten sich dynamisch verändernder Daten- und Analysewelten (Schlagworte »Big Data« und »KI«, aber auch für etablierte »Standardverfahren«) zum Werkzeug der Wahl für zeitgemäße Datenanalysen macht.

Auch die Lehrbücher in der Reihe *Quantitative Sozialforschung,* in der auch die vorliegende Einführung in R erscheint, nutzen standardmäßig R. Diese Einbettung in eine Reihe von spezialisierten Einzeleinführungen erweist sich für die Zwecke dieses Buchs als Glücksfall. Sie erlaubt, dass wir uns ganz auf die Grundlagen konzentrieren können, die für einen produktiven und selbstbewussten Umgang mit R notwendig sind. Die Umsetzung konkreter statistischer Verfahren sparen wir weitgehend aus – Anleitungen für zum Beispiel Regressionsanalysen oder latente Klassenanalysen finden sich in den entsprechenden Bänden der Reihe.

Das vorliegende Buch führt demnach systematisch in die Kompetenzen ein, die für einen souveränen Umgang mit R notwendig sind. In sozialwissenschaftlichen Kontexten besteht die Herausforderung dabei darin, dass die Arbeit mit R auf mehreren Ebenen erlernt werden muss. R ist eben nicht einfach ein »Statistikprogramm«, sondern eine auf die Aufgaben der Datenanalyse spezialisierte Programmiersprache. Entsprechend lernt man R auch am besten wie eine Sprache: Man eignet sich ein Grundvokabular an, erschließt sich nach und nach

Syntax und Grammatik, absolviert zunächst einfache, danach schwierigere Aufgaben usw. Vor allem führt der Weg zum Lernerfolg bei R wie beim Sprachenlernen nur über praktisches Üben – und dazu gehört auch permanentes Machen von und Lernen aus Fehlern. Eine gewisse Frustrationstoleranz trainiert man sich parallel also fast automatisch mit an. Vor allem aber wird man mit der Zeit immer flexibler, kann sich von vorformulierten Anleitungen lösen und gezielt die eigenen Analyseideen umsetzen. Der Weg dahin mag anfangs steil aussehen, er ist aber nach den ersten Schritten weniger steinig, als man zunächst befürchten mag.

Dieses Buch richtet sich an Studierende, Promovierende und Forschende in den Sozialwissenschaften, die mit R arbeiten wollen. Es will erstens als eine systematische Heranführung an R funktionieren und zweitens eine Art »Kompagnon« für die alltägliche Arbeit mit R sein. Es werden keine Vorkenntnisse vorausgesetzt. Zwar können nicht alle Details und Inhalte im vorgegebenen knappen Rahmen dieses Buchs abgedeckt werden, es wird aber durchgängig auf weiterführende und vertiefende Angebote und Quellen hingewiesen.

Das Buch geht von der Grundidee aus, dass in der täglichen Arbeit mit R eine Reihe von »kommunikativen« Grundfertigkeiten notwendig sind. Diese Grundfertigkeiten beziehen sich zum überwiegenden Teil auf die verschiedenen Phasen eines Datenanalyseprojekts (vom Einlesen von Datensätzen über das Datenmanagement bis zur Visualisierung von Befunden) – also darum, R gezielt mitzuteilen, was mit unseren Daten passieren soll. Zum Teil geht es aber auch um Fähigkeiten, die mit der Kommunikation zwischen R und dem eigenen Betriebssystem zu tun haben, mit den nicht immer unmittelbar einleuchtenden Rückmeldungen von R umzugehen, oder (und vor allem) damit, sich gezielt und gekonnt Hilfe zu holen. Die dafür notwendigen Kenntnisse und Fertigkeiten haben wir für die Zwecke dieses Buchs in 20 Lernschritte (Kapitel) eingeteilt, die sich in fünf Themenblöcke gliedern.

Der erste Block (Lernschritt 1 bis 5) befasst sich mit dem bunten und quirligen Universum von R. Ziel ist es, sowohl die obligatorischen ersten Schritte zu absolvieren und R auf dem eigenen Computer einzurichten als auch eine Orientierung anzubieten.

Es folgt der vertiefende Einstieg in R als (Programmier-)Sprache, die vor allem für eines funktionieren soll: die Arbeit mit Daten (Lernschritte 6 bis 10). Neben essenziellen Basiskonzepten werden hier erste Schritte auf dem Weg zur Datenanalyse unternommen.

Daran schließt ein eher knapper Bereich (Lernschritt 11 und 12), der auf die oftmals sehr nützlichen Rückmeldungen und umfangreichen mitgelieferten Informationen von R eingeht. Gerade beim alltäglichen Arbeiten ist dieses Wissen von entscheidender Bedeutung; nicht nur, um Fehler zielsicher beheben zu können, sondern auch, um angesichts der enormen Vielfalt an Hilfsangeboten nicht die Orientierung zu verlieren.

Gerüstet mit diesem Wissen um das Handling von R widmet sich der nächste Block (Lernschritt 13 bis 18) dem praxisnahen Arbeiten mit Daten. Es geht darum, wie Datenbestände überhaupt in die Welt von R kommen und wie dort mit diesen gearbeitet werden kann. Die Themen reichen vom Import über die Transformation bis hin zur Visualisierung von Daten.

Abschließend wird ein Beispiel-Projekt präsentiert (Lernschritt 19 und 20), das die einzelnen Lernschritte exemplarisch zusammenführt und praxisnahe Fragen der Projektorganisation und -realisation mit R diskutiert.

Inhaltsverzeichnis

Teil I
Let's go: Setting the Stage

Den »Kanon der ersten Schritte in R« beherrschen

1

Die ersten Schritte in der Welt von R unterscheiden sich deutlich von jenen, die in den meisten anderen Statistikprogrammen zu gehen sind. Das hat vor allem damit zu tun, dass R eher eine (Programmier-)Sprache und weniger ein vollumfängliches Softwarepaket mit ausgeklügelter Benutzeroberfläche ist. Mit R wird schreibend »geredet« und weniger klickend »befohlen«. Diese Besonderheit wird bereits bei der Installation der »Statistikumgebung R« deutlich, die mehr als das Ausführen einer einzelnen Installationsroutine erfordert. Was zunächst ungewohnt anmuten mag, entpuppt sich schnell als großer Vorteil. R wird nicht einfach installiert, sondern aktiv eingerichtet – die eigene Installation kann entsprechend von Anfang an die je individuellen Bedürfnisse der Nutzenden reflektieren. Was genau dabei alles zu berücksichtigen ist und welche individuellen Einstellungen möglich (und sinnvoll) sind, nimmt der erste Lernschritt in den Blick.

1.1 R und seine Editoren verstehen

Um R auf dem eigenen Computer einrichten zu können, ist ein Wissen um die Unterschiede und Zusammenhänge des sogenannten »Sprachkerns« (R) und der darauf aufbauenden Bearbeitungsprogramme (Editoren) entscheidend. Man kann sich das auch so vorstellen, dass die Installation von R an sich dem eigenen Computer lediglich die Sprache R beibringt. Wie genau (und wie komfortabel) diese Sprache nun aber gesprochen, bzw. geschrieben werden kann, ist dadurch noch nicht geklärt. Hierfür kann man sich geeignete Tools installieren, die das schreibende Sprechen optimal unterstützen.

F. Mundt und K. Horvath, *R Essentials*, Quantitative Sozialforschung,
https://doi.org/10.1007/978-3-658-48794-2_1

Es gibt eine große Vielfalt an meist kostenfreien Editoren. Am weitaus populärsten ist aktuell wohl RStudio von Posit (https://www.posit.co). Dabei handelt es sich um eine umfangreiche *Integrated Development Environment* (IDE), die mit einer enormen Palette an hilfreichen Features aufwartet. Neben einer Live-Fehleranalyse und einer dynamischen Autovervollständigung sind es viele grafische Eingabemöglichkeiten, die das tägliche Arbeiten deutlich erleichtern. Aufgrund der Popularität und der vor allem zu Beginn der Arbeit mit R hilfreichen Unterstützungen durch RStudio, wird im weiteren Verlauf des Buchs stets auf dieses Setup Bezug genommen.

▶ **Alternative Editoren**
Andere kostenfreie Editoren, die eine sehr gute R Unterstützung aufweisen, allerdings wesentlich minimalistischer daherkommen, sind zum Beispiel Microsoft Visual Studio Code (https://code.visualstudio.com), das darauf basierende, aber speziell für den Data Science Kontext konzipierte Positron (https://positron.posit.co), GNU Emacs (https://www.gnu.org/software/emacs) oder (Neo)Vim (https://www.vim.org und https://www.neovim.io). Es existieren auch alternative IDEs wie JetBrains PyCharm (https://www.jetbrains.com/pycharm/) oder JASP (https://jasp-stats.org), das einen deutlichen Schwerpunkt auf die grafische Bedienung legt.

1.2 Die Installationen durchführen

Damit man mit R auf angenehme Art und Weise arbeiten kann, sind also mindestens zwei Schritte notwendig. Zum einen gilt es die Sprache als solche zu installieren, indem man das zu dem jeweiligen Betriebssystem passende Setup auf der Website https://www.r-project.org herunterlädt und ausführt. Nachdem die Installationsroutine abgeschlossen wurde, existiert eine Anwendung R auf dem Computer, die den bereits erwähnten Sprachkern darstellt. Öffnet man diese direkt, erhält man lediglich ein einfach gehaltenes Fenster, die sogenannte R Konsole. In dieser kann man direkt mit der Programmierung loslegen, allerdings sind nahezu keinerlei unterstützende Funktionen verfügbar. Die Arbeit in der R Konsole kann gerade deswegen sehr lehrreich sein und bietet sich nicht nur aus nostalgischen Gründen, R wie zu seinen Anfängen in den 1990er Jahren zu erleben, an. Die minimalistische R Konsole (Abb. 1.1) ist der funktionale Kern von R, ohne den nichts und in dem alles »geht«.

Für ein angenehmeres und produktiveres Arbeiten empfiehlt es sich einen komfortableren Editor zu installieren. Man kann problemlos mehrere parallel auf dem eigenen Computer installieren und ausführen. Es handelt sich dabei lediglich um

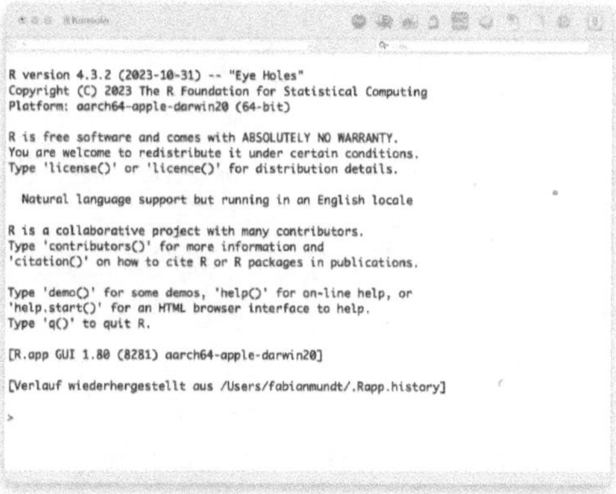

Abb. 1.1 Konsole der Standard R Installation

grafische Benutzeroberflächen, die die Interaktion mit der Sprache R erleichtern. Die Oberfläche bzw. der Editor, mit dem in diesem Buch gearbeitet wird, ist RStudio. Die kostenfreie IDE, die als betriebssystemübergreifende Universalanwendung vorliegt, lässt sich über die Website https://posit.co/download/rstudio-desktop/ herunterladen und installieren.

1.3 Erste Schritte in R(Studio) wagen

Sobald beide Programme installiert wurden, ist es Zeit, die neu eingerichtete R-Umgebung zu erkunden. RStudio präsentiert sich nach dem Start als dreigeteiltes Fenster, das die Welt von R gebündelt repräsentiert. Die bereits erwähnte Konsole findet sich hier ebenso (siehe den linken Teil in Abb. 1.2), wie eine Vielzahl an Tabs, deren Funktion im weiteren Verlauf des Buchs zur je passenden Stelle erläutert werden. Um das Verhältnis von R und Editor besser zu verstehen ist es hilfreich sich klarzumachen, dass die teils prominent platzierten Funktionen wie »Environment«, »History«, »Plots«, »Help« etc. kein Spezifikum von RStudio sind, sondern in jedem R Editor zu Verfügung stehen, auch in der minimalistischen Benutzeroberfläche, die die R Konsole bietet. Dort sind sie allerdings hinter Tastenkombinationen, Menüeinträgen oder Eingaben »versteckt«.

Jetzt ist es an der Zeit mit R Kontakt aufzunehmen. Hierfür ist die Konsole in RStudio der erste Anlaufpunkt, was durch den blinkenden Cursor dezent ange-

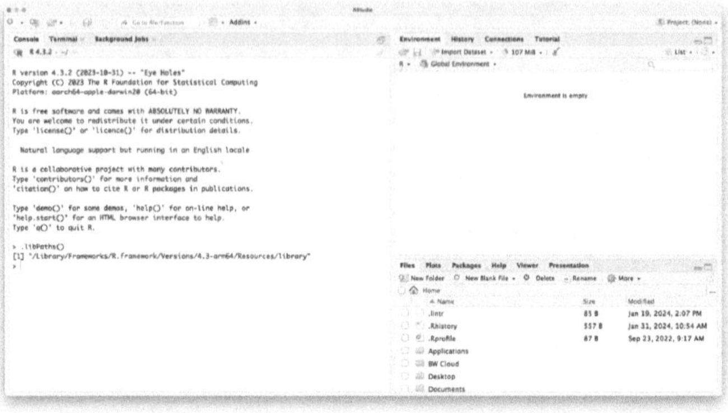

Abb. 1.2 Die RStudio IDE

zeigt wird. Die Eingabe von `1 + 1` gefolgt von der Enter-Taste bringt R dazu, die einfachst denkbare Berechnung durchzuführen und das Ergebnis anzuzeigen. Das geschieht direkt in der Konsole und aufgrund der kinderleichten Aufgabe sehr schnell:

```
1 + 1
```

```
[1] 2
```

Gerade weil die Berechnung sehr einfach daherkommt, lässt sich an ihr das grundlegende Muster erläutern, wie genau die Interaktion mit R abläuft. Daran ändert sich auch im Rahmen hochkomplexer Kalkulationen oder grafischer Benutzeroberflächen nichts. Stets geht es darum, dass mehr oder weniger umfangreiche Eingaben an R über die Konsole übermittelt werden, R diese verarbeitet und schließlich eine Rückmeldung gibt. Diese kann positiv im Sinn des gewünschten Ergebnisses ausfallen oder negativ im Sinn von Fehlern oder unerwünschten Resultaten. Besonders ärgerlich und problematisch ist es, wenn Berechnungen kein Ende finden. Ohne genauer auf den folgenden Code einzugehen, führt dessen Übergabe an R dazu, dass endlos Zahlen ausgegeben werden. Neue Eingaben sind nicht möglich, R ist blockiert, hat sich »aufgehängt«:

```
x <- 1
repeat {
    print(x)
    x <- x + 1
}
```

Solche Situationen ergeben sich beim täglichen Arbeiten mit R schneller als man denkt. Im Umgang damit ist zweierlei wichtig. Zum einen das Wissen darum, wie sich die endlose Berechnung abbrechen lässt, und zum anderen ein Verständnis, wann die R Konsole (wieder) arbeitsbereit ist. Für beide Fälle, gilt es, die Konsole zu lesen und deren visuelle Hinweise korrekt zu deuten. Sobald die Berechnung einer Eingabe langwieriger ausfällt, wird oberhalb der Konsole ein Stoppschild ( ) angezeigt. Ein Klick darauf beendet die aktuelle Berechnung abrupt und ermöglicht neue Eingaben. In RStudio lässt sich der Klick auch durch ein Drücken der Esc-Taste ersetzen. Die Eingabebereitschaft von R zeigt das >-Symbol (und der folgende blinkende Cursor) zu Beginn der untersten Konsolenzeile an. Dessen Existenz ist zwingend erforderlich. Fehlt > und es wird beispielsweise nichts angezeigt, bedeutet das, dass R beschäftigt ist und keine neuen Berechnungen durchführen kann. Wartet man nicht gerade auf ein Ergebnis oder dauert die Berechnung ungewöhnlich lange, ist ein händischer Abbruch erforderlich, um weiterarbeiten zu können. Dabei wird übrigens keineswegs R insgesamt neu gestartet, sondern lediglich die aktuell laufende Berechnung abgebrochen. Soll ein kompletter Neustart erfolgen, muss RStudio geschlossen und neu gestartet werden.

Ein Neustart von RStudio führt dazu, dass die gesamte laufende Sitzung *(»Session«)* beendet wird. Alle bereits getätigten Eingaben gehen verloren und man fängt von vorne an. Das erkennt man u. a. daran, dass die Konsole den Willkommen-Text anzeigt, der sowohl in Abb. 1.1 als auch in Abb. 1.2 zu sehen ist. Dieser zeigt neben der verwendeten R-Version allgemeine Informationen und Hinweise für erste Experimente an. Hier findet sich zudem der Hinweis, dass sich die aktuelle R Session neben dem Schließen des RStudio Fensters durch die Eingabe `q()` beendet lässt, was allerdings voraussetzt, dass R eingabebereit ist.

▶ **R ist eine *single threaded language***

Der Hinweis auf die Arbeitsbereitschaft von R ist folgenschwerer als er zunächst erscheinen mag. Als sogenannte *signle threaded language* kann eine R Session stets nur eine Eingabe zugleich verarbeiten und ist erst nach dem Abschluss dieser Eingabe bereit etwas Neues zu beginnen. Gerade bei langwierigen Aufgaben, beispielsweise dem Verarbeiten großer Datenmengen oder komplexen Modellierungen, kann das zum Problem werden. In diesen

Fällen kann es sinnvoll sein, sich mit RStudio Background Jobs zu befassen (https://docs.posit.co/ide/user/ide/guide/tools/jobs.html), die ein vergleichsweise einfaches Auslagern rechenintensiver Aufgaben erlauben.

1.4 RStudio einrichten: Zwei Hinweise

Bevor im nächsten Lernschritt auf die Arbeitsweise mit R und in RStudio genauer eingegangen wird, gilt es auf zwei folgenschwere Einstellungen von RStudio hinzuweisen. Diese lassen sich beide bei den `Global Options`... festlegen, die unter dem Menüpunkt `Tools` geöffnet werden können. (Es ist empfehlenswert, sich durch die vielfältigen Einstellungsmöglichkeiten von RStudio zu klicken und diese an die eigenen Bedürfnisse anzupassen. Der RStudio User Guide (https://docs.posit.co/ide/user/ide/get-started/) liefert hierfür hilfreiche Erläuterungen.)

Erstens empfiehlt es sich, die Konfiguration von `Workspace` dahingehend anzupassen, dass beim Beenden oder beim Start einer R Session niemals zuvor generierte Daten gespeichert oder automatisch wiederhergestellt werden. Das erreicht man dadurch, dass der Haken vor `Restore .RData into workspace at startup:` entfernt wird und `Save workspace to .RData on exit:` auf `Never` eingestellt wird. Auch wenn dieses Vorgehen auf den ersten Blick als Nachteil erscheinen mag, erweist sich diese Konfiguration beim alltäglichen Arbeiten als sehr vorteilhaft. Sie verhindert nicht nur, dass vergessene Berechnungen zu undurchsichtigen Fehlern führen, sie zwingt auch dazu, auf die *Reproduzierbarkeit* des eigenen Vorgehens zu achten. Schließlich muss der produzierte Code auch nach einem Neustart der R Session funktionieren, was bedeutet, dass alle dafür notwendigen Schritte explizit ausformuliert sein müssen.

Zweitens bietet es sich an, die Anordnung der internen RStudio Fenster zu verändern, was unter `Pane Layout` möglich ist. Anstatt die Konsole links unten zu positionieren ist es ratsam, diese nach rechts oben zu verschieben. Vor allem beim alltäglichen Arbeiten mit R ist diese Anordnung vorteilhaft. Das Arbeiten vollzieht sich primär in einer Kombination aus gespeicherten Skript-Dateien, die meist in Teilen ausgeführt werden, wie der nächste Lernschritt ausführt. Um dabei gleichzeitig möglichst viel Platz für die Arbeit am Skript zu haben und die verarbeitende R Konsole im Blick zu haben, ist diese Anpassung zielführend. Die Veränderung der Anordnung führt nach einem Klick auf `OK` direkt dazu, dass ein erstes Skript-Fenster geöffnet wird, das weitere Arbeiten erlaubt.

1.5 Wie wird man R wieder los?

Bevor das skriptbasierte Arbeiten, das im Alltag eine große Rolle spielt, thematisiert wird, geht es abschließend um die Frage, wie sich R (und alles damit zusammenhängende) entfernen lässt. Die Deinstallation von R erweist sich als keineswegs trivialer Prozess. Das hängt einerseits mit der Trennung von R und Editor(en) zusammen. Äquivalent zur Installation müssen alle Programme separat entfernt werden. Ist neben R also RStudio installiert, müssen beide Anwendungen entfernt werden. Und selbst dann existiert eine nicht unerhebliche Menge an R-Daten weiter auf dem Computer. Dabei handelt es sich um R-Erweiterungen, sogenannte Pakete, die einen essenziellen Bestandteil des R-Ökosystems darstellen und die maßgeblich zum Erfolg der Sprache beitragen.

Im Zuge der Installation solcher sprach-erweiternder Pakete legt R eine lokale Bibliothek an, die auch nach einer Deinstallation des Basisprogramms R erhalten bleibt. Was genau es damit auf sich hat, wird in Lernschritt 4 (Kap. 4) thematisiert. Geht es um das restlose Löschen von R, ist auch diese Ordnerstruktur zu entfernen. Wo genau sich diese befindet, teilt einem R auf Wunsch gerne mit. Dazu ist einfach der Befehl `.libPaths()` auszuführen.

2 Mit Konsole, mit Skript und manchmal auch menügesteuert mit R arbeiten

Die alltägliche Arbeit mit R mag für sozialwissenschaftlich Forschende zunächst ungewohnt anmuten. Sie ist vor allem textbasiert und dreht sich im Grunde um das Formulieren von mehr oder weniger umfangreichen Anleitungen, wie R bestimmte Aufgaben lösen soll. Was im Vergleich zu den komfortablen grafischen Interaktionsformen so mancher kommerziellen Anwendungen geradezu altmodisch und unnötig kompliziert erscheint, entfaltet schnell eine breite Palette an Vorzügen, die das schriftliche Kommunizieren mit R zur präferierten Routine machen. Jenseits simpler Konsolen-Eingaben ist hierfür ein Verständnis für das Anlegen solcher Anleitungen oder Skripte nötig, da sie den Kern der produktiven und effizienten Arbeit mit R darstellen.

2.1 Skript-Dateien als Anleitungen

Die in Lernschritt 1 (Kap. 1) empfohlene Verschiebung des RStudio Console-Panes haben direkt dazu geführt, dass links oben ein neues Pane (Abb. 2.1) erschienen ist: ein leeres Dokument, das RStudio als »Untitled1« ausweist und mit einem R-Symbol versehen hat. Es handelt sich hier um eine leere R-Skript-Datei, in der nun mit dem »Skripten« oder »Coden« begonnen werden kann.

Im Grund ist ein Skript nichts anderes als eine schlichte Textdatei, die explizit für R vorgesehen ist. Man könnte auch sagen: die ausschließlich R-Befehle bzw. R-Syntax enthält. Ein solches in R geschriebenes Dokument kann von jeder R-Installation gelesen und verarbeitet werden. Die größten Unterschiede zwischen einem R-Skript und der einzeiligen und flüchtigen Konsole sind, dass Skripte beliebig umfangreich sein können und sie sich jederzeit abspeichern lassen. Ein R-Skript

F. Mundt und K. Horvath, *R Essentials*, Quantitative Sozialforschung,
https://doi.org/10.1007/978-3-658-48794-2_2

Abb. 2.1 Die RStudio IDE

kann aus hunderten Zeilen bestehen und die komplexesten Analysen beschreiben. Letztlich handelt es sich um eine verschriftlichte Anleitung für R, zum Beispiel eine Modellierung von Daten durchzuführen oder eine Grafik zu erzeugen. Als auf dem Computer gespeicherte Datei lässt sich diese Anleitung mit anderen Personen teilen oder zu einem beliebigen Zeitpunkt erneut öffnen, um daran weiterzuarbeiten – beispielsweise durch einen Klick auf `File > Save` oder das Disketten-Symbol ( ). Dieses denkbar simple und hochgradig flexible Arbeitsparadigma markiert eine der großen Stärken von R.

Nun stellt sich zunächst die Frage, wie sich die über mehrere Zeilen formulierten Skripte ausführen lassen. Gibt man beispielsweise die bekannte Rechnung `1 + 1` in das Dokument ein, geschieht weiter nichts. Auch ein Speichern oder Drücken der Enter-Taste bleibt weitgehend folgenlos. Letzteres führt lediglich dazu, dass der Cursor in die nächste Zeile springt. Hier kann man nun eine weitere Rechnung eingeben, beispielsweise `2 * 2`, und so, ganz wie in einem herkömmlichen Textverarbeitungsprogramm, beliebig umfangreiche und komplexe Anleitungen für R verfassen. RStudio unterstützt diesen Prozess auf vielfache Art und Weise, zum Beispiel, indem Vervollständigungsvorschläge gemacht werden, wenn man bestimmte Schlüsselwörter eingibt (das sind Wörter, die dem R-Wortschatz entstammen). So wird nach der Eingabe von `.lib` der Vorschlag gemacht, die Eingabe in `.libPaths()` zu komplettieren.

Ausgeführt ist der Code damit allerdings immer noch nicht. Hierfür ist ein Tastendruck mehr notwendig. Die Zeile, in der sich der Cursor befindet, lässt sich je nach Betriebssystem durch die Kombination von Cmd + Enter (macOS) oder Ctrl / Strg + Enter (Linux / Windows) ausführen. In RStudio steht darüber hinaus ein »→Run«-Button ( ) zur Verfügung, der sich rechts oben innerhalb des Skript-Panes befindet. Verharrt man mit dem Mauszeiger über diesem Button, erfährt man durch ein erscheinendes Info-Fenster mehr über dessen Funktion. Im Allgemeinen ist dies ein sehr hilfreiches Verhalten von RStudio, das sich ideal dazu eignet, sich mit dem Programm vertraut zu machen. Konkret wird in diesem Fall erläutert, dass entweder die aktuelle Zeile, in der sich der Cursor befindet oder eine Textauswahl ausgeführt wird. Es ist also einfach möglich, mehrerer Zeilen oder Abschnitte eines Skripts gebündelt auszuführen – entweder per Button oder mittels dem genannten Shortcut (der Tastenkombination).

▶ **RStudio Shortcuts**
Das Ausführen von Skript-Abschnitten ist ein gutes Beispiel für den weitreichenden Vorteil, den eine Bedienung von RStudio mit der Tastatur mit sich bringt. Auch wenn viele Funktionen per Button genutzt werden können, lohnt es sich, die korrespondierenden Shortcuts zu erlernen. Eine prägnante und stets verfügbare Übersicht liefert die Tastenkombination Alt+Shift+k.

2.2 Die Konsole als Verarbeitungszentrale

Für die alltägliche Arbeit mit R ist es von entscheidender Bedeutung, den Prozess des Ausführens zu verstehen. Diesem wohnt nichts Magisches inne. Ganz im Gegenteil, der Vorgang ist absolut transparent: Bei der Ausführung werden die im Skript markierten Anleitungen in die Konsole kopiert und dort eine nach der anderen umgesetzt. Erst wenn dieser Vorgang durchgeführt wurde, kann man mit den Ergebnissen der Berechnungen, die folgerichtig in der Konsole ausgegeben werden, weiter operieren. Der Schritt über die Konsole – der Verarbeitungszentrale von R – trifft auf alle Operationen im Laufe einer R-Session zu. Selbst wenn man beispielsweise eine grafische Benutzeroberfläche zum Import von Forschungsdaten verwendet, erzeugt RStudio nichts anderes als den entsprechenden R-Code und kopiert diesen in die Konsole, um ihn dort auszuführen und das gewünschte Ergebnis zu erreichen. Die Bedeutung der R-Konsole als »letzte Instanz« wird dadurch noch mal unterstrichen.

Gerade wenn mehrere Zeilen oder ganze Skripte ausgeführt werden, ist eine weitere Eigenschaft zu beachten. Unabhängig von der Komplexität der Anweisungen verarbeitet R die Eingaben Zeile für Zeile. Zu erkennen ist dieses zeilenweise Vorgehen unter anderem daran, dass die Ergebnisse für jeden Befehl ebenfalls zeilenweise ausgegeben werden. Für das Anfertigen von Skripten bedeutet das, dass die

Reihenfolge der Anweisungen keineswegs beliebig ist, sondern von entscheidender Bedeutung für ein funktionierendes Gesamtergebnis.

Besonders wichtig ist das Verständnis der zeilenweisen Verarbeitung von R dann, wenn es zu Fehlern kommt. Diese sind per se nichts Dramatisches. Das tägliche Arbeiten mit R gleicht einem spannungsreichen Spiel. Es werden Anweisungen formuliert, deren zielführende Funktionalität durch die Verarbeitung durch die R Konsole validiert wird. In diesem Kontext sind mehr oder weniger schwerwiegende Fehler keine Seltenheit und erst recht nicht fatal. Vielmehr sind sie integraler Bestandteil der spielerischen Trial-and-Error-Kommunikation mit R, die zwar durchaus nerven kann, die aber vor allem als Lerngelegenheiten begriffen werden sollte. So gesehen ist es eine anzustrebende Kompetenz, mit den aufkommenden Hürden und Fallstricken produktiv umgehen zu können (vgl. Kap. 11). Bezogen auf das Ausführen von mehrzeiligen Anweisungen ist nun wichtig zu wissen, dass ein Fehler die Kette der Berechnungen unterbricht. Alles, was nach der fehlerhaften Zeile kommt, wird schlicht nicht mehr beachtet. Die R-Konsole gibt einen Fehler aus und wechselt zurück in den Bereitschaftsmodus. Erst wenn der Fehler behoben wurde, kann die gewünschte Passage en bloc ausgeführt werden. Anhand des folgenden Codes lässt sich das Verhalten exemplarisch nachvollziehen. Werden alle vier Zeilen markiert und ausgeführt, bricht die Berechnung nach der dritten Anweisung mit einer Fehlermeldung ab und die letzte Kalkulation `1 + 2` wird nicht mehr verarbeitet.

```
1 + 1
2 * 2
1 + "Versuch und Irrtum"
1 + 2
```

2.3 Skripte strukturieren und kommentieren

Aus der Art und Weise wie mit R-Skripten gearbeitet wird, ergibt sich die Notwendigkeit, genauer über deren optimale Struktur nachzudenken. Dafür existieren keinerlei zwingende Vorgaben. Im Grunde lassen sich die Anleitungen gänzlich nach den eigenen Vorlieben gestalten. Einzig die Reihenfolge der Anweisungen und deren letzten Endes fehlerfreie Ausführung ist relevant.

Damit diese immense Freiheit nicht in ein unübersichtliches Code-Chaos mündet, bietet es sich an, strukturschaffende Maßnahmen zu ergreifen. Hierzu ist neben der Entwicklung einer konsequenten Haltung, die zur Einhaltung der selbst auferlegten Regeln ermahnt, der Nutzen unterstützender Kommentare sinnvoll. Prinzipiell versteht R jede Eingabe als auszuführenden Befehl. Der einzige Weg, das zu umgehen, besteht darin, der Eingabe ein # voranzustellen. R wird alles, was der betreffenden Zeile nach dem # folgt, nicht weiter beachten. Solche *Kommentare* existiert einzig und alleine als ergänzende Annotation für die R-Code-schreibenden und – lesenden Menschen. Aus diesem Grund ist alles, was als Kommentar ausgewiesen wird, auch nicht an die Syntax und Grammatik von R gebunden, sondern kann beliebig ausufernde Prosa sein. Auch ist es nicht zwingend nötig, ganze Zeilen auszuzeichnen, Kommentare können auch direkt an eine Code-Zeile angehängt werden. Einzig der Abbruch einer Kommentierung vor dem Ende der Zeile ist nicht möglich. Kommentare können also nicht vor einem Code platziert werden, der ausgeführt werden soll.

```
1 + 1 # Das Ergebnis sollte 2 sein und nach der Berechnung wird erst wieder 1 /
↪  2 berechnet.
# 2 * 2
# Das ist ein beliebig kryptischer Kommentar!
1 / 2
```

Neben der Möglichkeit, Vorhaben ausführlicher durch deren Kommentierung zu beschreiben, was vor allem zu Beginn sehr nützlich sein kann, bieten Kommentare sich auch ideal als Werkzeug beim spielenden Experimentieren mit Code an. Schließlich lassen sich in sekundenschnelle einzelne Teile von Passagen aus- oder einblenden, wodurch das *Trial und Error* enorm an Dynamik gewinnt. Das trifft vor allem dann zu, wenn man sich der entsprechenden Tastenkombination bedient: Shift + Cmd / Strg / Ctrl + C wandelt die Zeile, in der sich der Cursor befindet in einen Kommentar um oder hebt diesen Status wieder auf.

Aufbauend auf der Kommentar-Funktion ermöglicht es RStudio, ein Skript in sogenannte *Sections* zu unterteilen. Über `Code > Insert Section`... (Cmd / Strg / Ctrl + Shift + R) öffnet sich ein Dialog, der nach einem »Section label« fragt. Nach der Eingabe eines passenden Namens wird eine speziell formatierte Kommentarzeile eingefügt. Auf diese Weise lässt sich das an und für sich unstrukturierte R Skript in strukturgebende Abschnitte unterteilen:

```
# Meine ersten Analysen mit R
# Mein Name
# Datum

# Daten laden --------------------------------------------------

# Analysieren --------------------------------------------------

# Ergebnisse speichern -----------------------------------------
```

Insbesondere im Rahmen umfassender Projekte, die aus einer Vielzahl an Vorhaben und Dateien bestehen, ist es sinnvoll, sich eine möglichst stringente Skript-Struktur anzugewöhnen. Über die Code-Ebene hinaus gilt das auch für die Strukturierung größerer Projekte generell, was in Lernschritt 19 (Kap. 19) detaillierter skizziert wird.

2.4 Der Nutzen von Menüs

Sowohl das (Aus-)Kommentieren von Code als auch das Einfügen von Code-Sections kann komfortabel über die Benutzeroberfläche von RStudio realisiert werden. Daran wird deutlich, dass man zwar mittels Tastenkombinationen oftmals Zeit einsparen kann, und die durchdachten Menüs von RStudio aber gerade am Anfang ein guter Ansatzpunkt sind, um effiziente Arbeitsweisen zu erlernen. RStudio orientiert sich dabei oftmals an etablierten Logiken. So lassen sich beispielsweise unter `Files > Import Dataset` mittels einer grafischen Benutzeroberfläche Datensätze importieren, unter `Session` finden sich Möglichkeiten, die aktuelle R-Session zu schließen oder neu zu starten, und `Edit` bietet eine Vielzahl nützlicher Tools, um R-Code zu verändern. Kurzum, es lohnt sich, die verschiedenen Angebote im Menü von RStudio zu sichten. Parallel zu der Anwendung sollte dabei stets die R-Konsole im Blick gehalten werden, denn häufig werden die Menübefehle in R-Code übersetzt, der ausgeführt wird. Genaues Hinschauen bietet hier wertvolle Lerngelegenheiten.

Es gibt also eine Vielzahl an Möglichkeiten, wie genau man mit R arbeiten kann. Ob im Skript, direkt in der Konsole, mittels Shortcuts oder ab und an auch mit dem Menü, alles ist möglich und lässt sich nach Belieben kombinieren. Entscheidend ist es, eine individuell passende Arbeitsweise zu entwickeln, die den eigenen Präferenzen entspricht und zugleich offen für Optimierungen ist.

Geht man von komplexen Analysekontexten aus, entsteht nahezu zwangsläufig eine Vielzahl von Skript-Dokumenten, Quelldaten, Visualisierungen usw. Bei diesem Wald an Dateien droht man schnell den Überblick zu verliert. Im nächsten Lernschritt geht es daher darum, wie sich all die Vielzahl einzelner Dateien in einem Projekt als gemeinsamem Rahmen sammeln lassen.

3 Zusammenfassen, was zusammen gehört: Projekte nutzen

Von sich aus kennt R keinerlei Projektstrukturen. Stattdessen wird die Organisation zusammenhängender Forschungsdateien in die Eigenverantwortung und -verwaltung der Nutzenden übergeben. In der Regel legt man daher einen speziellen Ordner an, den man individuell strukturiert. Ein konkreter Vorschlag, wie sich ein moderner Workflow mit diesem hohen Grad an organisatorischer Freiheit kombinieren lässt, findet sich in Lernschritt 19 (Kap. 19). Damit das Vorgehen nicht allzu kleinschrittig ausfällt und die Möglichkeiten, die RStudio bietet, optimal ausgenutzt werden, wird an dieser Stelle das Konzept sogenannter *RStudio-Projekte* vorgestellt. Dabei handelt es sich um ein RStudio spezifisches Feature, das die Art und Weise wie projektbezogen mit R gearbeitet wird, nicht nur standardisiert, sondern auch nachhaltig vereinfacht.

3.1 RStudio Projekte verstehen

Was also ist ein RStudio-Projekt? Im Grunde ist es eine spezielle Datei, die einen bestimmten Ordner auf dem eigenen Computer als RStudio-Projekt ausweist. Die Dateiendung ist auf ».Rproj« festgelegt, was sowohl auf Betriebssystemebene als auch innerhalb von RStudio konsequent mit einem Symbol versehen wird ( ). Öffnet man eine solche Datei, wird RStudio gestartet und der Ordner, in dem die ».Rproj«-Datei lokalisiert ist, wird automatisch zum »Heimverzeichnis« des Projekts. Im File Pane rechts unten (vgl. Abb. 2.1) wird daher der entsprechende Ordner angezeigt. Dieser Automatismus ermöglicht ein intuitives Arbeiten, da stets klar ist, wo man sich auf dem Computer und im Projekt befindet.

F. Mundt und K. Horvath, *R Essentials*, Quantitative Sozialforschung,
https://doi.org/10.1007/978-3-658-48794-2_3

Werden beispielsweise neue Skripte oder Ordner im Projekt erzeugt, werden diese beim Abspeichern entsprechend »im Projektordner« gesichert. Überdies führt ein Klick auf »Home« im File Pane stets zum Heimverzeichnis des Projekts, das sich eins zu eins so auf der Festplatte des Computers wiederfindet. Werden beispielsweise Rohdaten mithilfe des Dateimanagers des Betriebssystems in dieses Projektverzeichnis kopiert, tauchen diese automatisch im File Pane von RStudio auf und lassen sich in R weiterverarbeiten. Gerade im Zuge dieser Weiterverarbeitung, beispielsweise beim Laden von Forschungsdaten in R oder beim Abspeichern von Resultaten, beseitigt die Verwendung von RStudio-Projekten eine der unerfreulichsten Lernhürden, die historisch gesehen zu einigem Haareraufen beigetragen hat: Die Festlegung des sogenannten Arbeitsverzeichnisses.

3.2 Das R Arbeitsverzeichnis

Bei der *working directory* handelt es sich um das Startverzeichnis, von dem aus R mit dem restlichen Dateisystem des Computers interagiert. Auch ohne explizites Zutun legt R stets ein Arbeitsverzeichnis fest. Das lässt über die Eingabe von `getwd()` in der R Konsole überprüfen. Als Ergebnis wird der sogenannte »absolute Pfad« des je aktuellen Arbeitsverzeichnisses angegeben. Spätestens dann, wenn R auf externe Daten zugreifen soll, beispielsweise um diese einzulesen, gewinnt das Konzept des Arbeitsverzeichnisses rasant an Bedeutung und kann zu unangenehmen Problemen führen. Welche Datei von wo geladen oder wohin gesichert werden soll, muss nämlich exakt und fehlerfrei sein. Absolute Pfade umfassen den gesamten Dateipfad auf dem jeweiligen Computer, ausgehend vom Ursprungsverzeichnis über alle Unterverzeichnisse inklusive Benutzerverzeichnis. Entsprechende Pfadangaben sind daher geradezu prädestiniert für Fehler und Probleme. Bereits das Verschieben eines Skripts auf dem eigenen Computer in einen anderen Ordner kann dessen Funktionalität beschädigen. Schließlich liegt das zu ladende Skript dann an einem anderen Ort und weist folglich einen abweichenden absoluten Pfad auf. In vielen Skripten findet sich daher direkt zu Beginn die Festlegung eines spezifischen Arbeitsverzeichnisses. Mittels `setwd()` lässt sich durch das Einstellen des Arbeitsverzeichnisses auf einen speziellen Ordner auf der eigenen Festplatte sicherstellen, dass ein korrekter absoluter Pfad für das jeweilige Skript und die aktuelle R-Session gewählt ist.

Sobald ein Arbeitsverzeichnis z. B. mittels `setwd("/Users/fabianmundt /projekt-1")` festgelegt wurde – wichtig ist dabei, dass es dieses Verzeichnis auf dem eigenen Computer tatsächlich gibt – kann etwas komfortabler mit dem Dateisystem interagiert werden. Windows-User müssen zwingend die notwendige Verwendung von / statt \ bei Pfadangaben beachten. Nun können sogenannte »relative Pfade« genutzt werden, die es erlauben ausgehend vom festgelegten Arbeitsverzeichnis auf Dateien zuzugreifen. Beispielsweise lässt sich auf Datei »meine-daten.csv« schlicht durch den relativen Pfad »meine-daten.csv« verweisen, sofern sie im Arbeitsverzeichnis liegt. R komplettiert die Angabe im Hintergrund zum korrekten gesamten Pfad, der die Angaben zum absoluten Pfad ergänzt »/Users/fabianmundt/projekt-1/meine-daten.csv«. Der relative Pfadabschnitt beschreibt lediglich den von der *working directory* ausgehenden Teilpfad. Das hat zur Folge, dass ein korrekt festgelegtes Arbeitsverzeichnis immens wichtig ist.

In gewisser Weise simuliert man auf diese Weise ein niederschwelliges »Projekt«, wenngleich das Irritations- und Fehlerpotenzial recht hoch ausfällt. Umso erfreulicher, dass sich durch die Verwendung von RStudio-Projekten diese Hürden vollständig wegfallen. Das Arbeitsverzeichnis wird von RStudio automatisch so eingestellt, dass es mit der Lokalisation der ».Rproj«-Datei übereinstimmt. Dort wo die Datei liegt, wird beim Öffnen des Projekts in RStudio automatisch die *working directory* festgelegt. In der Folge kann stets mit relativen Pfaden gearbeitet werden, die auch bei einem Verschieben des gesamten Projekts weiterhin funktionieren.

3.3 Mit RStudio-Projekten arbeiten

Zum Anlegen von RStudio-Projekten gibt es mehrere Optionen, was deren große Bedeutung widerspiegelt: das File Menü, ein spezieller Button oder die Projektübersicht rechts oben. Letzten Endes wird man immer zu einem Dialog geführt, der das passende Anlegen einer Projektdatei begleitet. Vor allem die Projektübersicht in der rechten oberen Ecke verdient beim Arbeiten mit Projekten Aufmerksamkeit. Dort wird ganz prominent stets das je aktuelle Projekt angezeigt. So lässt sich sekundenschnell – ohne Eingabe irgendeines Befehls – überprüfen, in welchem Projekt gerade gearbeitet wird. Ist keines ausgewählt, ist dort »Project: (None)« zu lesen. Ein Klick darauf ermöglicht es u. a., neue Projekte anzulegen, das geöffnete zu schließen oder einen Projektwechsel durchzuführen (vgl. Abb. 3.1).

Der Wechsel ist dabei auf zwei verschiedenen Wegen möglich. Ein Klick auf ein anderes Projekt oder auf »Open Project« führt dazu, dass die aktuell laufende R-Session geschlossen und durch das andere Projekt ersetzt wird. Alternativ ist es aber auch möglich ein Projekt »... in New Session« zu öffnen. Damit ist gemeint, dass eine weitere Instanz von RStudio (und damit R) gestartet wird und fortan zwei RStudio-Projekte gleichzeitig geöffnet sind. Zwar können diese nicht interagieren, da es sich um getrennte R-Sessions handelt, aber man kann auf diese

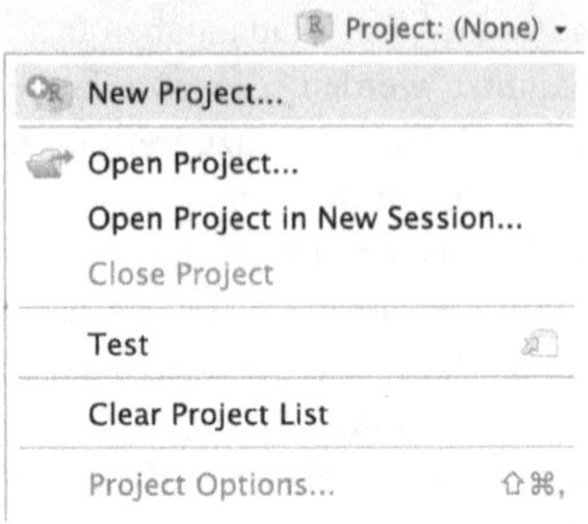

Abb. 3.1 RStudio Projekte Menü

Weise problemlos in multiplen Projekten parallel arbeiten. Da RStudio-Projekte eine sehr komfortable und einfache Möglichkeit bieten, Ordnung im R-Dschungel eines Datenanalysevorhabens herzustellen, ist es naheliegend von diesen extensiv Gebrauch zu machen.

Für die weitere Arbeit mit diesem Buch bietet sich das Anlegen eines eigenes RStudio-Projekts an. Damit ist der Rahmen definiert, der im weiteren Verlauf der Einführung mit Inhalt gefüllt wird und zugleich als Spielwiese dienen kann. Neben eigenen Skripten und Daten gewinnen dabei schnell eine Vielzahl von R-Erweiterungen an Bedeutung. Was es mit diesen (Erweiterungs-)Paketen auf sich hat, wird im nächsten Lernschritt beleuchtet.

R erweitern und verwalten (Pakete) 4

Neben der freien Verfügbarkeit und flexiblen Verwendung von R stellt die große Flexibilität eine weitere Stärke dar. Es gibt nahezu nichts, was sich nicht in R umsetzen lässt. Der »Basiswortschatz« der Sprache R liefert einen mehr als ausreichenden Werkzeugkasten, um die ausgefallensten und speziellsten Anwendungsszenarien ganz auf die eigenen Analysezwecke und -vorstellungen zugeschnitten zu realisieren. Auch wenn das spannend sein kann, ist es nicht gerade effizient. Anstatt das Rad ständig neu zu erfinden, existiert eine einfache Möglichkeit, den Wortschatz (und damit den vorhandenen Werkzeugkasten) der eigenen R-Installation massiv zu erweitern. Man kann jederzeit bereits existierende »Funktionsbündel« zur R-Installation hinzufügen (und natürlich auch wieder entfernen), sogenannte *Pakete*. Dieser sehr einfache Mehrgewinn an Funktionalität kommt allerdings zu dem Preis, dass er manuell verwaltet werden muss. Im weiteren Verlauf dieses Lernschritts wird es daher darum gehen, das Paket-Management zu meistern.

4.1 Das Ökosystem von R

Bereits die »doppelte« Installation von R (vgl. Kap. 1) hat deutlich gemacht, dass R ein bisschen mehr und aus Sicht anderer statistischer Standardprogramme eine spezielle Aufmerksamkeit benötigt. Selbiges gilt auch, wenn man R an die jeweils eigenen Bedürfnisse und Erfordernisse anpasst und erweitert. Dies geschieht in der Regel dadurch, dass Pakete der eigenen Installation hinzugefügt werden. Deren Existenz ist mit ein Grund für den großen Erfolg von R. Nahezu kein statistisches Verfahren oder extravagante Visualisierungsvariante, die sich nicht über ein Paket einfach realisieren ließe.

F. Mundt und K. Horvath, *R Essentials*, Quantitative Sozialforschung,
https://doi.org/10.1007/978-3-658-48794-2_4

Das R-Universum besteht aus einer riesigen Anzahl an quelloffenen und kostenfrei nutzbaren Pakten, um genau zu sein 22371 (Stand: 26.04.2025). Die primäre Bezugsquelle für Pakete stellt das *Comprehensive R Archive Network* dar, kurz *CRAN.* Dabei handelt es sich um ein alle verfügbaren Pakete umfassendes Repositorium. Es ist online unter https://cran.r-project.org abrufbar. Als zentrale Instanz stellt es sicher, dass die verfügbaren Pakete Mindeststandards erfüllen und sich gut in die R-Welt einfügen.

> **Eigene Pakete entwickeln**
> Auch wenn es gerade am Anfang illusorisch erscheinen mag, kann es sehr sinnvoll sein sich mit dem Konzept von Paketen und der Art und Weise ihrer Entwicklung intensiver zu befassen. Das kann nicht nur die eigene Arbeitsweise verbessern, sondern auch in der Veröffentlichung eigener R Pakete auf CRAN. Es ist überraschend, wie niederschwellig und einfach sich dieser Prozess gestaltet, wenn man erste Erfahrungen mit den Basiskonzepten von R gesammelt hat. Aus der sehr freundlichen R Community heraus besteht die Einladung an der R Welt mitzuwirken. Ein guter Ausgangspunkt ist https://r-pkgs.org.

4.2 R erweitern: Pakete installieren

Die Installation von R-Paketen gestaltet sich denkbar einfach und ist ein gutes Beispiel dafür, dass es mehrere Wege gibt, wie mit R gearbeitet werden kann. Ein Klick auf den Tab Packages im rechten unteren Pane von RStudio (Abb. 2.1) öffnet eine Übersicht aller bereits installierten Pakete (Abb. 4.1). Dass bereits so viele Pakete (oder Erweiterungen) installiert sind, mag zunächst überraschen, lässt sich aber einfach aufklären: Auch die Basiswerkzeuge, gewissermaßen der Sprachkern, sind in Form unterschiedlicher Pakete realisiert, z. B. `base` und `stats`. Das hat u. a. entwicklungstechnische Gründe und kann zudem als Beweis der Transparenz und Quelloffenheit von R verstanden werden.

Neben der »System Library«, die alle installierten Pakete listet, ermöglicht der Klick auf » Install« die Installation eines oder mehrerer neuer Pakete (Abb. 4.2). Der Installationsdialog macht den Prozess nachvollziehbar. Zum einen wird angezeigt, dass die zu installierenden Pakete von CRAN heruntergeladen werden. Zum anderen zeigt er den Ort der »System Library«, d. h., des lokalen Verzeichnisses auf dem eigenen Computer, in dem alle Pakete gespeichert werden. Das ist ein entscheidender Punkt, der bereits in Lernschritt 1 (Kap. 1) im Rahmen der Deinstallation

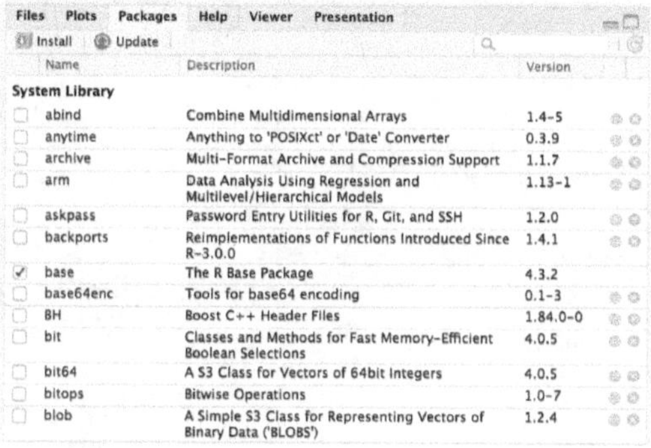

Abb. 4.1 Die Paketverwaltung in RStudio

thematisiert wurde. R speichert für jede Hauptversion (4.3, 4.4, usf.) alle Pakete in diesem speziellen Verzeichnis ab.

Beim Starten von RStudio repräsentiert die Liste der installierten Pakete den Inhalt dieses Verzeichnisses. Dieser Umstand führt häufig zu Irritationen, vor allem dann, wenn eine neue R Hauptversion installiert wird. Aktualisiert man beispielsweise R von 4.0 auf 4.1, wird automatisch ein neue Paket Library, also ein neues Verzeichnis angelegt. In diesem befinden sich ausschließlich die Standardpakete. Alle nachträglich installierten Pakete fehlen und müssen neu installiert werden. Zwar wird das alte Verzeichnis der Version 4.0 nicht gelöscht, die Pakete werden von R 4.1 aber nicht verwendet. Was als nervige und mitunter problematische Routine anmutet, hat einen tieferen Grund. Im Unterschied zu kleineren Aktualisierungen (von 4.3.3 auf 4.3.4 etc.) beinhalten Hauptversionssprünge häufig weitreichende Änderungen. Das kann mitunter die Funktionalität von Paketen, die auf diesen aufbauen, beeinträchtigen. Aus diesem Grund hat man sich dazu entschlossen, mit jeder Hauptversion auch die Library einem Reset zu unterziehen. Da CRAN sicherstellt, dass die dort verfügbaren Pakete mit der jeweils installierten R-Version kompatibel sind, schließt die notwendige Neuinstallation der benötigten Erweiterungen Probleme aus.

Sobald man mit dem Eintippen in Abb. 4.2 beginnt, wird CRAN durchsucht und es werden Vorschläge gemacht. So führt die Eingabe von »tidy« dazu, dass all jene Pakete angezeigt werden, die mit »tidy« beginnen. Hier kann man nun das korrekte auswählen, z. B. »tidyverse«, und ggf. weitere Pakete der Auswahl hinzufügen. Ist das abgeschlossen genügt ein Klick auf »Install« und der Installationsprozess beginnt. Dabei werden automatisch, sofern man diese Einstellung nicht ändert, auch

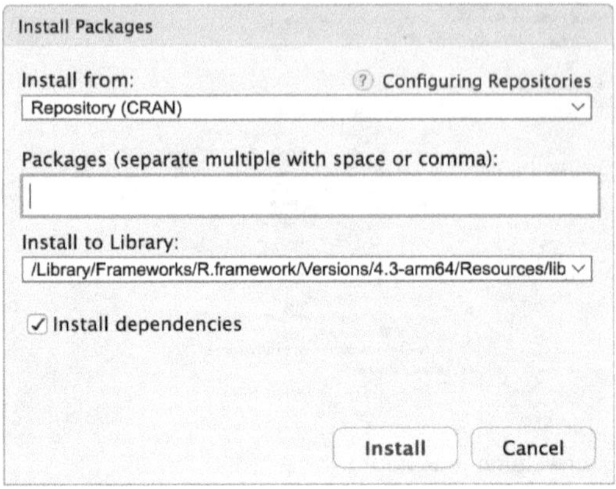

Abb. 4.2 Installation neuer Pakete

alle Abhängigkeiten installiert. Mit Abhängigkeiten sind weitere Pakete gemeint, die das zu installierende Paket zwingend erfordert, um zu funktionieren.

Nach dem Klick auf »Install« empfiehlt es sich, einen Blick in die Konsole zu werfen, um ihre Verzahnung mit der grafischen Oberfläche nachzuvollziehen. Letztendlich geschieht mit dem Klick nichts anderes, als dass der korrekte R-Code in die Konsole kopiert und ausgeführt wird. Die Installation des Paketes »tidyverse« resultiert in folgendem Befehl in der Konsole:

```
install.packages("tidyverse")
```

Anstatt den Weg über den Dialog zur Installation von Paketen zu gehen, wäre demnach auch die Eingabe von `install.packages()` inklusive entsprechendem Paketnamen (wichtig: in Anführungszeichen) möglich. Was es mit den Klammern auf sich hat, wird in Lernschritt 6 (Kap. 6) erläutert. Der Prozess der Paketinstallation erfolgt absolut transparent über die Konsole. Etwaige Probleme – deren Umgang in Lernschritt 11 (Kap. 11) besprochen wird – werden demnach ebenso wie die Erfolgsmeldung, dass alles geklappt hat, hier angezeigt. Zugleich wurde auch das Packages Pane aktualisiert und das neu installierte Paket findet sich in der dortigen Auflistung.

4.3 R verwalten: Pakete aktualisieren

Neben dem Namen zeigt die Liste aller Pakete auch die installierte Version an. Nicht nur R wird stetig weiterentwickelt, auch Erweiterungen in Form von R-Paketen unterliegen mehr oder weniger intensiven Entwicklungsprozessen. Diese werden teils von Organisationen, häufiger jedoch von engagierten Einzelpersonen oder Forschungsgruppen durchgeführt, was zu hochgradig divergenten Aktualisierungszyklen führt. Um die jeweils aktuelle Version zu installieren, müssen demnach auch die Pakete beständigen Updates unterzogen werden.

RStudio bietet hierfür den »Update«-Button an ( ). In einem übersichtlichen Fenster ist es möglich, nach den für die eigene R-Installation relevanten Updates zu suchen und diese gezielt zu installieren. Auch der Update-Button – die grafische Eingabe – wird beim Klick einfach als R-Code in die R Konsole übersetzt. Dabei mag überraschen, dass der Updatebefehl dem Installationsbefehl entspricht. Auf eine neue Version wird ebenfalls mittels `install.packages()` aktualisiert. Das hat den Hintergrund, dass Paketnamen in R (und CRAN) eindeutig sein müssen. Eine spezielle Update-Funktion ist nicht erforderlich.

Das Laden von Paketen wird über den speziellen Aufruf von `library()` durchgeführt. Das kann man sich in etwa so vorstellen, dass der Befehl R mitteilt in der lokalen Bibliothek der eigenen R-Installation die notwendigen Bücher (erweiternde Wort- bzw. Funktionspakete) für die anstehende Arbeit bereitzustellen. Soll beispielsweise das zuvor installierte und damit in der lokalen Bibliothek bereitstehende »tidyverse«-Paket verwendet werden, ist der entsprechende Befehl `library(tidyverse)` auszuführen. Der Name des Pakets wird in die Klammern eingetragen – mehr dazu in Lernschritt 6 (Kap. 6). Indem man einen Teil des Paketnamens tippt und die Tab-Taste drückt, lässt sich die automatische Vervollständigung von RStudio nutzen. Ein weiterer Vorzug dieser unterstützenden Methode ist es, dass RStudio ausschließlich installierte Pakete anbietet.

Die lokale Installation und Instandhaltung von Paketen sind dabei als erster, wichtiger Schritt zu verstehen, um zusätzliche Werkzeuge nutzen zu können. Deren konkrete Verwendung macht es erforderlich, R dieses Vorhaben explizit mitzuteilen. Dieses Explizieren hat zwei Gründe. Erstens, die Reproduzierbarkeit des Vorhabens. Nur wenn der erstelle R Code alle verwendeten Werkzeuge, also auch solche, die über Pakete bereitgestellt werden, ausweist, ist er unabhängig von der speziellen R Session und dem speziellen Computer ausführbar. Fehlende Pakete sollen einfach auszumachen sein. Zweitens, die Genügsamkeit der R Session. Auch wenn aktuelle Computer sehr leistungsstark sind, ist es wenig sinnvoll, alle lokal verfügbaren Pakete automatisch zu laden und die darin enthaltenen Werkzeuge zur Verfügung zu stellen. Schließlich benötigt man die meisten ohnehin nicht und spart durch deren Nicht-Laden die Ressourcen des eigenen Computers.

Beim Erstellen von umfassenden Skripten bietet es sich an, eine spezielle Code-Section für alle verwendeten Pakete jenseits der Basispakete – die werden ohnehin immer automatisch geladen – obligatorisch anzulegen. Da die Pakete die nötigen Werkzeuge definieren, ist es naheliegend, diesen Abschnitt prominent zu Beginn des Skripts zu platzieren. Sollten im weiteren Verlauf des Codens weitere Pakete erforderlich sein, hat man so eine dezidierte Stelle, an der diese Abhängigkeiten definiert werden:

```
# Mein Analysevorhaben
# Fabian Mundt
# 01-2024

# Pakete laden --------------------------------------------------

library(tidyverse)

# Daten laden ---------------------------------------------------

# … es folgt das weitere Skript.
```

Sobald der Befehl in der R Konsole ausgeführt wurde, steht das »tidyverse« Paket zur Verfügung, d. h., es kann auf alle enthaltenen Werkzeuge zugegriffen werden. Oder um in unserer Sprachanalogie zu bleiben: der Wortschatz von R ist um den »tidyverse«-Bestand erweitert. Visuell zeigt sich das an einem Haken, der im Abb. 4.1 (quasi der grafischen Library) direkt vor dem Paket angezeigt wird. Entfernt man diesen, ist das Paket entsprechend nicht mehr für die aktuelle Session verfügbar. Erneut wird die Verzahnung von grafischer Benutzeroberfläche und R Konsole sichtbar. Das Setzen eines Hakens entspricht dem Laden des jeweiligen Pakets mittels `library()`. Allerdings resultiert das Entfernen nicht in einem kompletten Löschen des Pakets. Es wird lediglich für die laufende Session wieder »entladen«. Soll ein Paket komplett vom Computer entfernt werden, ist das über den »Remove«-Button () möglich.

Bleibt die Frage, wie genau die Erweiterung des Sprachbestandes durch die jeweiligen Pakete ausfällt. Auch hierfür liefert das Packages Pane hilfreiche erste Ansatzpunkte. Ein Klick auf den Namen öffnet die für jedes auf CRAN verfügbare Paket obligatorische Dokumentation. Dieser widmet sich Lernschritt 12 (Kap. 12) intensiv. Für den Moment ist wichtig, dass hier alle durch das Paket bereitgestellten Werkzeuge (Funktionen) alphabetisch gruppiert gelistet sind. Beispielsweise findet sich in der Dokumentation des »base«-Pakets unter »L« der Eintrag »library« und unter »misc« ».libPaths«.

- **Semi-automatische Installation von notwendigen Paketen in RStudio**
  Das explizite Ausweisen aller über die Basispakete hinaus verwendeten Pakete wird von RStudio dazu genutzt, bereits beim Öffnen eines R Skripts einen Abgleich mit den installierten Paketen der System Library zu machen. Je nach Bedarf wird daraufhin zur Installation fehlender Pakete direkt im Skript Pane aufgefordert. Ärgerliche Fehler, die auf das Nutzen nicht vorhandener Möglichkeiten (Funktionen aus Pakete n) zurückzuführen sind, werden durch diese Unterstützungsleistung der IDE mindestens minimiert.

Pakete beschreiben eine wichtige und mächtige Möglichkeit, R um neue Funktionen zu erweitern. Die enorme Vielfalt an Erweiterungsmöglichkeiten mag allerdings auch zu einer zunehmenden Orientierungslosigkeit beitragen. Dem soll im folgenden Lernschritt mit ein paar Hinweisen und Tipps begegnet werden, wie man sich im quirligen und reichhaltigen Universum von R zurechtfinden kann.

5 Sich grob im R-Universum orientieren

R ist ein ambitioniertes und aufregendes Projekt, das von Anfang an auf Transparenz und die Mitarbeit einer engagierten Community setzt. Wer die Grundstrukturen dieses kleinen Universums kennt, findet sich schneller in R zurecht und kann auch gezielter nach Hilfe, Vorschlägen und Lösungen suchen. Dazu gehört auch, sich einen Überblick über die vielen Unterstützungs- und Einführungsangebote für R-Einsteiger*innen zu machen und über die wichtigsten aktuellen Trends und Entwicklungen auf dem Laufenden zu sein.

5.1 R als kostenfreie Open Source Software

Bereits zu Beginn der Arbeit mit R stellt die Konsole klar: »R is free software and comes with ABSOLUTELY NO WARRANTY.« Und wenige Zeilen später wird herausgestellt, dass es sich um ein kollaboratives Projekt handelt, das viele Beitragende hat. Man könnte auch sagen, R ist von einer interessierten Gemeinschaft für ebendiese Gemeinschaft gemacht. Dabei ist tief in der DNA des Projekts verankert, dass es sich um eine frei zugängliche Software handelt, die beständig erweitert und weiterentwickelt wird. Die *R Foundation for Statistical Computing* koordiniert diese Entwicklungsarbeit, was deren Homepage https://www.r-project.org/ zu einer ersten wichtigen Anlaufstelle für alle Belange im Zusammenhang mit R macht. Neben der je aktuellen R-Version findet sich hier eine Fülle an Informationen, die z. B. Neuerungen und geplante Veränderungen, Hinweise auf anstehende Konferenzen, Mailinglisten und spannende Blog-Artikel umfassen. Darüber hinaus führt die Seite knapp in die Struktur des R-Projekts ein und legt die Organisation der R Founda-

F. Mundt und K. Horvath, *R Essentials*, Quantitative Sozialforschung,
https://doi.org/10.1007/978-3-658-48794-2_5

tion dar. Das Internet bietet aber über diese naheliegende erste Informationsquelle hinaus eine schier unüberschaubare Menge an weiteren Unterstützungsangeboten.

5.2 Online informieren und lernen

Zieht man die präferierte Suchmaschine zurate, erscheint schnell eine Fülle an weiterer Artikel und Angebote. https://www.r-bloggers.com liefert hier einen hilfreichen »Gegenpol«. Zielgerichtet und mit Kategorien versehen bündelt diese Seite R-spezifische Online-Beiträge. Sie ist ideal, um einen Überblick zu erhalten, was aktuell in der Community diskutiert wird. Ähnliches bietet die Website https://rweekly.org, die sich daran versucht, einen R-spezifischen Wochenrückblick zu liefern. Oftmals tauchen dabei auch Inhalte aus dem Umfeld von *Posit* auf, der Non-Profit Organisation, die RStudio entwickelt. Hier lohnt sich ein Blick auf den Bereich *Learn & Support* von https://posit.co. Vor allem die angebotenen Cheatsheets und Videos sind nützliche Lernmaterialien. Häufig enthalten diese weiterführende Hinweise, beispielsweise zu den Websites einzelner Pakete.

Insbesondere die spezifischen Webpräsenzen von Paketen gehen oftmals mit aufschlussreichen Tutorials und weiterführenden Ressourcen einher. Diese sind häufig zusätzlich lokal als eingebaute Hilfe abrufbar. Das ermöglicht eine sehr niederschwellige Nutzung. In Lernschritt 12 (Kap. 12) stehen diese aufschlussreichen Dokumentationen explizit im Mittelpunkt. In der Online-Variante kommt diese Dokumentation häufig mit hilfreichen Zusatzfunktionen daherkommt, siehe dazu beispielsweise https://www.rdocumentation.org oder https://rdrr.io.

Über die bloße Dokumentation hinaus bietet zum Beispiel Datacamp (https://www.datacamp.com/category/r) online Kurse an, die eine interaktive Aneignung von R-Fähigkeiten ermöglichen. Ähnliche Angebote finden sich zudem bei allen größeren MOOC Anbieter, von Cousera und Udemy über edX bis hin zur Codeacademy. Auch wenn insbesondere die Qualität der Interaktionsmöglichkeiten (nicht zuletzt getrieben durch die rasante Entwicklung im Bereich KI) deutlich zugenommen haben, raten wir vor allem am Anfang zu Face to Face Workshops. Allein die lokale Präsenz in einer Lerngruppe, die mit ähnlichen Herausforderungen zu kämpfen hat, woraus sich oftmals erkenntnisreiche Diskussionen ergeben, lässt sich digital nicht aufwiegen.

5.3 Fragen stellen

In der täglichen Arbeit mit R kann es schnell vorkommen, dass man mit einer ganz speziellen Frage zu kämpfen hat, die in dieser Form in allgemeinen Unterstützungsangeboten und Online-Kursen nicht beantwortet wird. In diesem Fall bieten sich interaktivere Online-Formate an. Insbesondere Stack Overflow https://stackoverflow.com/questions/tagged/R und Reddit https://www.reddit.com/r/rstats/ sind hier zu nennen. Dort kann man nicht nur bereits diskutierte Fragestellungen durchsuchen und deren Genese nachvollziehen, auch eigene Problemkomplexe können platziert werden.

Fehlen darf hier natürlich auch nicht der Hinweis auf die diversen KI-Assistenten über ChatGPT und Gemini bis hin zu Copilot (das bereits Einzug in RStudio gehalten hat). Diese sind nicht nur in der Lage, schnell Antworten auf spezielle Fragen zu liefern, auch ganze Skripte lassen sich generieren. KI ist zweifelsohne eine verlockende und vielversprechende Option, schnell mit R zurechtzukommen. Damit geht allerdings auch ein großes Problem einher. Wie im weiteren Verlauf mehrfach gezeigt werden wird, handelt es sich bei R um eine sehr spezielle Programmiersprache, bei der vieles auf vielen unterschiedlichen Wegen möglich ist. Fehlt ein grundlegendes Verständnis der Basiskonzepte von R, gleicht der KI-generierte Code allzu schnell einem Stückwerk, das zu unerwünschten (und undurchsichtigen) Seiteneffekten führt. Die KI-Unterstützung ist erst dann in einem umfassenden Sinne produktiv einzusetzen, wenn ein Grundverständnis für R aufgebaut wurde.

5.4 Bücher

Um ein solches Grundverständnis aufzubauen, kann auch auf eine stetig wachsende Anzahl an Büchern zurückgegriffen werden. Neben diesem Buch, das hoffentlich eine Hilfe bei der Annäherung an R darstellt, sind vor allem Locke (2017), Peng (2016) und Wickham et al. (2023) sowie auf Deutsch Luhmann (2020) als praxisnahe Einführungen zu nennen. Wilke (2019) und Healy (2019) führen unter Anwendung von R in die professionelle Datenvisualisierung ein, während sich Crawley (2007) und Wickham (2019) den informatischen Grundlagen von R widmen. Einen recht umfassenden Überblick bietet https://www.r-project.org/doc/bib/R-books.html.

Bei vielen Büchern ist es dabei sehr erfreulich, dass diese ihren Weg in die digitale Welt gefunden haben. Neben einer nahezu obligatorischen Bereitstellung aller Materialien sind einige sogar als Website zugänglich. Diese Bücher sind in der Regel selbst vollständig »in R« verfasst, um genau zu sein mittels Quarto (https://quarto.org).

5.5 Face to Face

Die Tatsache, dass R ein gemeinschaftliches Projekt ist, zeigt sich auch an einer Vielzahl von Konferenzen und Meetings. Neben der global orientierten *useR!* Konferenz bündelt die *Posit::conf()* alljährlich die neusten Entwicklungen und Debatten. Neben Vorträgen sind Workshops, die im Nachgang in der Regel online abrufbar sind, fester Bestandteil beider Events. Über weltumspannende Großereignisse hinaus existieren viele kleinere Meetups, die sich in *R User Groups* (darunter auch *R-Ladies Groups*), organisieren. Im Allgemeinen bietet https://jumpingrivers.github.io/meetingsR/ einen guten Überblick darüber, welche Events wo und wann anstehen.

5.6 Vier orientierende Heuristiken

Die bisher angeführten Hinweise lassen sich als erste Wegmarken verstehen, um das R-Universum zu ordnen und einen individuell passenden Lernpfad einzuschlagen. Damit dieser nicht unnötig steinig ausfällt, werden abschließend vier Heuristiken vorgestellt, deren Beachtung das alltägliche Arbeiten erleichtert:

1. **Trial and Error:** Fehler sind nicht zu scheuen, sondern sollten begrüßt werden. Geht etwas schief, kann man im Zuge der Korrektur wertvolle Lernerfahrungen sammeln.
2. **Keep it Simple:** Auch wenn es ganz sicher kompliziert geht, es ist besser, R-Code so einfach und verständlich wie möglich zu halten.
3. **Make it Reproducible:** Der R-Code muss stets *from scratch* lauffähig sein. Das gilt sicher nicht beim Spielen und Experimentieren – aber »am Ende des Tages« sollen die Skripte vollumfänglich funktionieren.
4. **Don't Repeat Yourself:** Niemals sollten identische Codestücke in einem Skript mehrfach vorkommen.

Manche dieser Heuristiken wurden schon im Zuge der Einrichtung von R und RStudio berücksichtigt. Für andere fehlen aktuell noch die entsprechenden Werkzeuge und konkrete Szenarien, in denen ihre orientierende Kraft nachvollziehbar wird. Beides ist Gegenstand des nächsten Teils dieser Einführung, der sich der (Programmier-)Sprache R widmet.

Teil II

Die Basics: R als (Programmier-)Sprache

R als Sprache verstehen lernen: Typen von Daten, Datenstrukturen und Funktionen

6

In diesem Lernschritt steht R als *(Programmier-)Sprache* im Fokus. Ein vertieftes Verständnis, wie R als ganz besondere Art von Sprache funktioniert, ermöglicht in kurzer Zeit einen spielerischen und souveränen Umgang mit R und damit ein geradezu intuitives »Reden mit dem Computer«. Die denkbaren Themen dieser Gespräche decken ein weites Feld ab. Schließlich können sie von einfachen mathematischen Berechnungen bis hin zu aufwändigen Visualisierungen reichen. Die grundlegenden sprachlichen Bausteine sind aber stets dieselben. Im Kern sind es drei Bestandteile, die verstanden und beherrscht werden wollen: *Daten* sind das, worüber wir mit R reden, *Funktionen* verweisen auf das, was wir mit ihnen tun wollen, und *Objekte* erlauben, unterschiedliche Zustände in unsere Gespräche miteinzubauen. In diesem Lernschritt konzentrieren wir uns auf Daten (deren Typen sowie Strukturen) und Funktionen. Der darauf folgende Lernschritt 7 (Kap. 7) widmet sich dem Konzept von Objekten. Diese Lernschritte mögen auf den ersten Blick etwas abstrakt und formal daherkommen. Gerade im sozialwissenschaftlichen Analysealltag zahlt sich ein fundiertes Verständnis der Basiskonzepte jedoch mehrfach aus, was sich spätestens in der Betrachtung eines produktiven Workflows ab Lernschritt 13 (Kap. 13) zeigt.

6.1 Typen von Daten in R

Daten sind die Zutaten, mit denen statistische Verfahren durchgeführt werden. Aus Einführungen in Statistik wird den meisten Leserinnen und Leser die Unterscheidung von Daten- bzw. Skalenniveaus (nominal, ordinal, metrisch) geläufig sein: Der Typ von Daten hat Folgen dafür, welche Verfahren auf sie angewendet werden

F. Mundt und K. Horvath, *R Essentials*, Quantitative Sozialforschung,
https://doi.org/10.1007/978-3-658-48794-2_6

Tab. 6.1 Datentypen in R

Datentyp	Beispielwerte
Zahl	`1, 37, 1709, 0 …`
Text	`"Hallo", "Nr. 007" …`
Logischer Wert	`TRUE, FALSE`
Fehlender Wert	`NA`

können. Nicht anders unterscheidet auch R Arten (besser Typen) von Daten – und viele Operationen erfordern einen ganz bestimmten Typ von Daten. Die Einteilung von Datentypen in R folgt einer etwas anderen Logik als jene in Datenniveaus, auch wenn diese teilweise erkennbar bleibt. Für R wird beispielsweise auch wichtig, wie Daten strukturiert sind.

Zunächst geht es daher ganz formal um die unterschiedlichen Typen von Daten, die R kennt. Für sozialwissenschaftliche Vorhaben sind zunächst vier basale Datentypen relevant: *Zahl, Text, logischer Wert* und *fehlender Wert* (Tab. 6.1). Fehlende Werte markieren dabei eine Besonderheit der statistischen Programmiersprache R, die der Bedeutung unvollständiger Datensätze, die im Alltag der Datenanalyse eher die Regel als die Ausnahme darstellen, Rechnung trägt.

Das Erstellen von Daten unterschiedlicher Typen ist in R denkbar einfach und es wurde in den vorangegangenen Lernschritten bereits mehrfach durchgeführt. R erzeugt nach einer Eingabe in die Konsole erste »Daten«. Ein genauer Blick auf die Ausgabe der beiden folgenden Eingaben deutet einen grundlegenden Unterschied an:

```
  1

[1] 1

  "Hallo"

[1] "Hallo"
```

Will man diesen Unterschied konkret fassen, kann man auf Werkzeuge zurückgreifen, die genaue Angaben zu den gemachten Eingaben liefern. Um genau zu sein, handelt es sich dabei um *Funktionen,* die im zweiten Teil dieses Lernschritts genauer betrachtet werden. Für den Moment genügt die Vorstellung eines Befehls, den man im Sinn eines Werkzeugs auf bestimmte Daten oder Objekte anwenden will, und mit dem man bestimmte Vorhaben realisieren kann. Im folgenden Fall wollen wir von R wissen, welcher Typ von Daten bei einer bestimmten Eingabe erzeugt wird:

```
typeof(1)
```

```
[1] "double"
```

```
typeof("Hallo")
```

```
[1] "character"
```

Das Ergebnis (die Ausgabe in der R Konsole) von `typeof()` mag dabei auf den ersten Blick überraschen. Während das Resultat von »Hallo« – man beachte die Anführungszeichen – einleuchtet (ein aus Zeichen bestehender Text), wird 1 als »double« identifiziert und nicht als »number«. Das hängt damit zusammen, dass R verschiedene Arten von Zahlen kennt. Der Datentyp Zahl umfasst entsprechend mehrere Zahlen-Typen.

6.1.1 Zahlen

Sozialwissenschaftlich sind primär zwei Datentypen relevant. Zum einen der Typ *Integer*, um ganze Zahlen zu verarbeiten und zum anderen *Double* für Dezimalzahlen. Mittels der Werkzeuge `is.numeric()` und `is.integer()` lässt sich diese Differenz genauer untersuchen:

```
is.numeric(1)
```

```
[1] TRUE
```

```
is.numeric("1")
```

```
[1] FALSE
```

```
is.numeric(3.7)
```

```
[1] TRUE
```

```
is.integer(3.7)
```

```
[1] FALSE
```

```
is.integer(1)
```

```
[1] FALSE
```

Vor allem das Resultat der letzten Eingabe mag irritieren. Laut R handelt es sich bei der Überprüfung der Eingabe 1 nicht um eine ganze Zahl (Integer), sondern um eine Dezimalzahl. Das hängt damit zusammen, dass R versucht alle Eingaben möglichst robust zu verarbeiten. Solange keine expliziten Angaben vorliegen, verwendet R daher im Zweifelsfall stets den umfassendsten Datentyp. Im konkreten Fall wird die Eingabe von 1 (oder z. B. auch 927) als Dezimalzahl behandelt. Geht es darum, sicher mit ganzen Zahlen zu rechnen, muss dieses Vorhaben also expliziert werden.

```
as.integer(1)
```

```
[1] 1
```

```
is.integer(as.integer(1))
```

```
[1] TRUE
```

Analog zu `as.integer()` existiert `as.numeric()`, das z. B. beim Konvertieren von Zahlen, die in Textform vorliegen, genutzt werden kann. Vorausgesetzt, die zu konvertierenden Zeichen lassen sich Zahlen zuordnen.

```
as.numeric("1.7")
```

```
[1] 1.7
```

```
is.numeric(as.numeric("1.7"))
```

```
[1] TRUE
```

```
as.integer("1.7")
```

```
[1] 1
```

```
as.numeric("Hallo")
```

```
Warning: NAs durch Umwandlung erzeugt
```

```
[1] NA
```

Neben Integer und Double können spezielle Zahlen eine tragende Rolle im analytischen Alltag spielen, für die R bestimmte Namen reserviert hat. Führt man z. B. undefinierte Rechnungen durch (Division durch Null), erhält man `NaN` (*Not a Number*), während die positive und negative Unendlichkeit mit `Inf` und `-Inf` gekennzeichnet werden.

```
0 / 0
```

```
[1] NaN
```

```
1 / 0
```

```
[1] Inf
```

```
-1 / 0
```

```
[1] -Inf
```

6.1.2 Text

Im Unterschied zu Zahlen wird der Dateityp Text in R nicht ausdifferenziert. Als Text wird jede beliebe Zeichenfolge (*String*) behandelt, die durch gleiche Anführungszeichen (*Text Delimiter,* entweder `" "` oder `' '`) eingerahmt wird. Die Werkzeuge zum Überprüfen und Konvertieren dieser Zeichenfolgen ähneln den bereits bekannten.

```
"Hallo"
```

```
[1] "Hallo"
```

```
is.character("Hallo")
```

```
[1] TRUE
```

```
as.character("Hallo, ein schöner Tag")
```

```
[1] "Hallo, ein schöner Tag"
```

```
'Auch einfach ist schön.'
```

```
[1] "Auch einfach ist schön."
```

```
as.character(1)
```

```
[1] "1"
```

Die Anführungszeichen sind dabei von entscheidender Bedeutung. Sie werden nicht nur zum Erzeugen von Text verwendet, auch die Ausgabe zeigt diese bewusst mit an, wodurch Texte einfach zu erkennen sind. Der Verzicht oder die falsche Kombination führt zu einem Fehler.

```
Hallo

Error: Objekt 'Hallo' nicht gefunden

"Hallo'

Error in parse(text = input): <text>:1:1: Unerwartete(s) INCOMPLETE_STRING
1: "Hallo'
    ^
```

Auch wenn die Anführungszeichen, die die Zeichenfolge in R definieren, gleich sein müssen, machen komplexe Textdaten oftmals die Kombination von verschiedenen Anführungszeichen erforderlich. Etwa dann, wenn Apostrophe verwendet werden sollen oder wenn direkte und indirekter Rede gekennzeichnet werden soll usw.

```
"Das ist ein längerer Text, der aus sogenannten "Passagen" besteht."

Error in parse(text = input): <text>:1:50: unerwartetes Symbol
1: "Das ist ein längerer Text, der aus sogenannten "Passagen
                                                     ^
```

Wird beispielsweise das einfache Anführungszeichen für den gesamten Text genutzt, kann das doppelte Anführungszeichen als Textzeichen verwendet werden. Der zunächst erzeugte Fehler (vertiefend siehe Kap. 11) ist damit behoben und zugleich offenbart der Blick auf die Ausgabe eine weitere Möglichkeit der Verschachtelung von Anführungszeichen. Die inneren doppelten Anführungszeichen werden als \ " ausgegeben. Der Backslash in Strings ist in R ein sogenanntes *Escape*-Zeichen, das die darauf folgenden Zeichen als schlichte Textzeichen ausweist und damit weiterführende Probleme verhindert.

```
'Das ist ein längerer Text, der aus sogenannten "Passagen" besteht.'

[1] "Das ist ein längerer Text, der aus sogenannten "Passagen" besteht."

"Das ist ein längerer Text, der aus sogenannten 'Passagen' besteht."

[1] "Das ist ein längerer Text, der aus sogenannten 'Passagen' besteht."
```

6.1.3 Logische Werte

Neben Zahlen und Textzeichen spielen logische Werte im sozialwissenschaftlichen Analysealltag eine große Rolle. Logische Werte können beispielsweise bei Dummy-Codierungen von Variablen eingesetzt werden oder tauchen in der Prüfung logischer

Bedingungen oder als Filterkriterien in »Wenn-dann«-Anweisungen auf. Der Datentyp »logischer Wert« zeichnet sich dadurch aus, dass er nur zwei Ausprägungen kennt. Diese kann man sich als 1 oder 0, als »ja« oder »nein«, »wahr« oder »falsch« vorstellen. Mit den entsprechend adaptierten Werkzeugen lässt sich das genauer untersuchen.

```
typeof(TRUE)
```

```
[1] "logical"
```

```
is.logical(TRUE)
```

```
[1] TRUE
```

```
is.logical(1)
```

```
[1] FALSE
```

```
is.logical("wahr")
```

```
[1] FALSE
```

```
is.logical(T)
```

```
[1] TRUE
```

```
is.logical(True)
```

```
Error: Objekt 'True' nicht gefunden
```

Logische Werte müssen in R großgeschrieben werden. Es macht einen gewichtigen Unterschied, ob man `TRUE`, `True` oder `true` schreibt. Lediglich die erste Schreibweise wird korrekt als logischer Wert behandelt. Die einzige Ausnahme ist die Verwendung des ersten Buchstabens. Ein `F` wird korrekt als `FALSE` interpretiert. Auch wenn es verlockend erscheinen mag, ist von dieser abkürzenden Schreibweise generell abzusehen, da sie eine heimtückische Fehlerquelle darstellt.

Analog zum Umwandeln von Text in Zahlen und umgekehrt ist das auch mit logischen Werten möglich, was die syntaktische Strenge etwas relativiert.

```
as.logical(0)
```

```
[1] FALSE
```

```
as.logical("False")
```

```
[1] FALSE
```

```
as.logical("0")
```

```
[1] NA
```

```
as.logical("falsch")
```

```
[1] NA
```

```
as.logical(3)
```

```
[1] TRUE
```

6.1.4 Fehlende Werte

Beim Spielen mit den Datentypen numeric, character und logical wurde unter der Hand bereits ein weiterer Datentyp eingeführt: *fehlender Wert.* Sowohl für Zahlen und Zeichen als auch für logische Werte kennt R auch fehlende Werte, die explizit als solche ausgewiesen werden. Dieser Datentyp liegt damit quer zu allen anderen. Es ist aufschlussreich, sich diesem speziellen Typ mit den bisherigen Werkzeugen zu nähern.

```
is.na(NA)
```

```
[1] TRUE
```

```
is.na(432)
```

```
[1] FALSE
```

```
typeof(NA)
```

```
[1] "logical"
```

```
typeof(as.character(NA))
```

```
[1] "character"
```

```
typeof(as.numeric(NA))
```

```
[1] "double"
```

```
is.na(as.logical("great"))
```

```
[1] TRUE

  typeof(as.logical("great"))

[1] "logical"
```

Auffallend bei dieser Näherung ist, dass fehlende Werte (`NA`) ihren »übergeordneten« Datentyp behalten und einen von diesem abgeleiteten Subtyp definieren. Problemlos kann mittels `is.na()` überprüft werden, ob es sich bei dem übergebenen Wert um einen fehlenden oder einen nicht-fehlenden, also einen vorhandenen Wert handelt (numerisch, textlich, logisch). Überdies lässt sich mittels `typeof()` der übergeordnete Datentyp identifizieren. Standardmäßig, wenn man also einfach `NA` eingibt, handelt es sich um einen logischen Wert.

Entstehen fehlende Werte aber z. B. durch eine Umwandlung von numerischen oder textuellen Werten, bleibt dieser ursprüngliche Datentyp erhalten. Vor allem bei komplexeren Datenstrukturen (z. B. importierte Daten), in deren Bearbeitungsprozess fehlende Werte nahezu zwangsläufig erzeugt werden, wird dieses Verhalten schnell hochrelevant. Wie genau bei diesen Fällen mit fehlenden Werten umgegangen werden kann, wird vertiefend in Lernschritt 17 (Kap. 17) dargestellt. Mit dem Hinweis auf komplexe Datenstrukturen ist bereits das nächste Thema angesprochen. Im Weiteren wird es darum gehen, wie sich einzelne Werte strukturell zusammenbinden lassen.

6.2 Die unterschiedlichen Datenstrukturen in R

Um zusammengebundene Einzelwerte, bzw. Datenstrukturen in R zu verstehen, ist es hilfreich, sich diesen über die zuvor thematisierten Datentypen zu nähern. So lassen sich drei Strukturen ausmachen, die sich durch die Art und Weise unterscheiden, wie mehrere Werte verbunden werden (Tab. 6.2). Entscheidende Kriterien sind dabei die *Homogenität* und die *Dimensionalität* der Werte.

► **Weitere Datenstrukturen**
Der Vollständigkeit halber sei darauf hingewiesen, dass in R auch noch die Datenstrukturen *Matrix* und *Array* existieren. Diese werden in der Regel

Tab. 6.2 Datenstrukturen in R. In Anlehnung an Wickham (2015, S. 13)

	Homogen	Heterogen
1 Dimension	Vektor	Liste
2 Dimensionen		Data frame

eher für fortgeschrittene Anwendungen benötigt, weshalb an dieser Stelle der Verweis auf Crawley (2007) und Wickham (2019) genügen soll. Ferner existiert eine spezielle *table*-Struktur, die für Kontingenztabellen konzipiert wurde.

6.2.1 Vektoren

Sollen mehrere homogene Werte wie beispielsweise vier Zahlen verbunden werden, wird eine eindimensionale und homogene Datenstruktur erzeugt, ein sogenannter Vektor. Ähnlich wie bei einzelnen Werten existieren auch hier wieder Funktionen oder Werkzeuge, um zu überprüfen, ob es sich bei der Datenstruktur tatsächlich um einen Vektor handelt. Darüber hinaus wird eine spezielle Funktion zum Erstellen des Vektors benötigt. Diese Funktion teilt R mit, dass die vier eingegebenen Zahlen eine zusammenhängende Struktur bilden sollen und erzeugt diese entsprechend. Ohne den Aufruf von `c()` erhält man folgerichtig eine Fehlermeldung.

```
c(3, 4, 6, 100)
```

```
[1]   3   4   6 100
```

```
is.vector(c(3, 4, 6, 100))
```

```
[1] TRUE
```

```
3, 4
```

```
Error in parse(text = input): <text>:1:2: Unerwartete(s) ','
1: 3,
     ^
```

Vektoren sind in R die *wichtigste Basisdatenstruktur.* Es lassen sich nicht nur schier endlose Ketten von Werten bilden, sogar einzelne Werte speichert R als einen Vektor ab. Implizit ergänzt R den Aufruf von `c()` bei der Eingabe eines einzelnen Werts. Das ist der Grund, weshalb `typeof()` nicht *vector,* sondern den jeweiligen Datentyp ausgibt. R kennt als »kleinste Struktur« ausschließlich Vektoren, und zwar numerische, textuelle oder logische.

```
is.vector(3)
```

```
[1] TRUE
```

```
is.vector("Ein kleiner Text.")
```

```
[1] TRUE
  is.vector(NA)

[1] TRUE
```

Neben der Eindimensionalität von Vektoren, das heißt, dem Bilden von mehr oder weniger langen Werteketten, weist Tab. 6.2 Vektoren als homogene Datenstrukturen aus. Das bedeutet, die Kette von Werten besteht ausschließlich aus gleichen Datentypen. Werden Zahlen, Text und logische Werte zusammen in einem Vektor verbunden, gibt R keine Fehlermeldung aus, sondern homogenisiert diese einzelnen Werte und nutzt dabei den Datentyp, der die geringste »Informationsdichte« aufweist: Zahlen (hohe Informationsdichte) werden als Text (geringere Informationsdichte) interpretiert, logische Werte (höchste Informationsdichte) als Zahlen oder Texte. Das folgende Beispiel führt dieses Verhalten vor Augen. Werden Daten von allen drei Typen kombiniert, ergibt das einen Text-Vektor, was sich direkt durch die Ausgabe in der Konsole kontrollieren lässt:

```
  c("Hallo", 4, FALSE)

[1] "Hallo" "4"     "FALSE"

  is.character(c("Hallo", 4, FALSE))

[1] TRUE

  c(4, TRUE)

[1] 4 1

  is.logical(c(4, TRUE))

[1] FALSE

  is.numeric(c(4, TRUE))

[1] TRUE

  is.numeric(c(4, TRUE, NA))

[1] TRUE
```

Vektoren sind vor allem als Zahlenfolgen von großer Bedeutung, zum Beispiel dann, wenn es um die Auswahl von Teildatensätzen geht (siehe Kap. 8). Weil eine Abfolge kontinuierlich ansteigender Zahlen so oft verwendet wird, existiert in R eine hilfreiche Abkürzung, wie diese spezielle Art von Vektor erzeugt werden kann. Es ist lediglich erforderlich den Beginn und das Ende der Zahlenfolge durch einen Doppelpunkt zu verbinden und schon wird der entsprechende Vektor erstellt:

```
c(1, 2, 3, 4, 5)

[1] 1 2 3 4 5

1:5

[1] 1 2 3 4 5

-1:3

[1] -1  0  1  2  3

19:22

[1] 19 20 21 22
```

Darüber hinaus können Vektoren aus beliebig vielen verschachtelten Kombinationen entstehen. So lassen sich beispielsweise mehrere Vektoren problemlos zu einem vereinen. Dabei gilt allerdings weiterhin, dass die Datenwerte des resultierenden Vektors homogenisiert und auf eine Dimension reduziert werden. Nach dem Ausführen des folgenden Codes ist der resultierende Vektor daher ein reiner Text-Vektor und die Information, dass er aus drei verschiedenen Vektoren hervorgegangen ist, lässt sich anhand der Ausgabe nicht mehr nachvollziehen:

```
c(c("Mars", "Erde", "Uranus"), c(1:5), c(TRUE))

[1] "Mars"    "Erde"    "Uranus" "1"       "2"       "3"       "4"       "5"
[9] "TRUE"
```

Beim Rechnen mit Vektoren ist zudem darauf zu achten, dass die Kalkulationen Element für Element durchgeführt werden. Komplexere Vektorrechnungen weisen daher durchaus ihre Tücken auf (vgl. ausführlich Locke 2017, S. 53–61, 66–70).

```
c(1, 2, 5) * 4

[1]  4  8 20
```

6.2.2 Listen

Sollen heterogene Daten so zusammengebunden werden, dass die Informationen über sich unterscheidende Datentypen erhalten bleiben, muss auf eine andere Datenstruktur zurückgegriffen werden. In R wird diese Liste genannt.

```
list("Zeichen", 3)
```

```
[[1]]
[1] "Zeichen"

[[2]]
[1] 3
```

Bereits die Ausgabe einer denkbar simplen Liste mutet dabei vergleichsweise abenteuerlich an. Plötzlich erscheinen viele eckige Klammern zusätzlich zu der ursprünglichen Eingabe. Das hat damit zu tun, dass eine Liste im Prinzip nichts anderes als mehrere Vektoren darstellt, die selbst wiederum strukturell verbunden werden. Jeder Eintrag einer Liste kann demnach als eigenständiger Vektor gedacht werden. Die Heterogenität der Liste gründet also darin, dass sie beliebig viele homogene Vektoren zusammenbindet.

```
list(
    1:5,
    c("Eins", "Zwei", "Drei"),
    TRUE,
    FALSE
)
```

```
[[1]]
[1] 1 2 3 4 5

[[2]]
[1] "Eins" "Zwei" "Drei"

[[3]]
[1] TRUE

[[4]]
[1] FALSE
```

Diese etwas komplexere Liste macht die zugrundeliegende Logik noch mal deutlich. Es handelt sich um eine Liste, die aus vier Einträgen (durch Kommas getrennt) besteht. Jeder dieser Einträge ist ein homogener Vektor von beliebiger Länge. Diese Flexibilität führt dazu, dass vor allem Ergebnisse von Analysen in Form einer Liste in R ausgegeben werden. Wie genau mit Listen gearbeitet wird, wie z. B. auf einzelne

Werte zugegriffen werden kann und wie sich Listen verändern lassen, wird in den folgenden Kapiteln thematisiert.

Wie gehabt lassen sich Listen mit den bereits mehrfach eingesetzten Werkzeugen überprüfen. Allerdings ist Vorsicht geboten. Da eine Liste im Prinzip aus Einzelvektoren besteht, wird sie auch als Vektor erkannt.

```
typeof(list(1:5, "Hallo"))
```

```
[1] "list"
```

```
is.list(list(1:5, "Hallo"))
```

```
[1] TRUE
```

```
is.vector(list(1:5, "Hallo"))
```

```
[1] TRUE
```

Auch wenn Listen beliebig viele Vektoren zusammenbinden, bleiben sie doch eindimensionale Datenstrukturen. Eine herkömmliche Datentabelle, die oftmals den Ausgangspunkt einer sozialwissenschaftlichen Analyse markiert, lässt sich damit nicht angemessen in R repräsentieren. Um zweidimensionale Datenstrukturen abzubilden, die gewissermaßen Spalten und Zeilen einer Tabelle repräsentieren können, sind daher sogenannte Data frames notwendig.

6.2.3 Data frames

Data frames ähneln auf den ersten Blick Listen in vielfacher Weise. Als heterogene Struktur binden Sie ebenso mehrere homogene Vektoren zusammen und verwenden im Grunde die gleiche Syntax:

```
data.frame(
    1:3,
    c("Divers", "Männlich", "Weiblich"),
    c(10.22, 9.87, 10)
)
```

```
  X1.3 c..Divers....Männlich....Weiblich.. c.10.22..9.87..10.
1    1                                Divers              10.22
2    2                              Männlich               9.87
3    3                              Weiblich              10.00
```

Allerdings existieren essenzielle Unterschiede, die daher rühren, dass Data frames Tabellen strukturell abbilden sollen. Die Ausgabe in der Konsole macht diesen Anspruch visuell sichtbar. Sollen mehrere Vektorenzu einem Data frame verbunden werden, ergeben sich daher zwingende Voraussetzungen. Allen voran müssen alle Vektoren die gleiche Anzahl an Werten aufweisen, also gleich lang sein. Das hat damit zu tun, dass jeder Vektor eine Spalte repräsentiert, während die Zeilen durch die einzelnen Werte abgebildet werden. Die erste Zeile des vorherigen Beispiels ist folglich `1, Divers, 10.2`. Denkt man die Zeilen als Fälle, zwingt R über die Datenstruktur Data frame dazu, explizit zu sein. Fehlen Werte in einer Spalte, müssen diese auch als fehlende Werte ausgewiesen werden:

```
data.frame(
    1:3,
    c("Divers", "Männlich"),
    c(10.22, 9.87, 10)
)
```

```
Error in data.frame(1:3, c("Divers", "Männlich"), c(10.22, 9.87, 10)): Argumente
↪  implizieren unterschiedliche Anzahl Zeilen: 3, 2
```

```
data.frame(
    1:3,
    c("Divers", "Männlich", NA),
    c(10.22, 9.87, 10)
)
```

```
  X1.3 c..Divers....Männlich...NA. c.10.22..9.87..10.
1    1                      Divers              10.22
2    2                    Männlich               9.87
3    3                        <NA>              10.00
```

Außerdem fällt auf, dass R automatisch Spalten- und Zeilennamen generiert. Was bei den Zeilen ganz gut funktioniert, gestaltet sich bei den Spalten ziemlich kryptisch. Umso erfreulicher, dass sich die Benennung einfach beim Erstellen festlegen lässt. Dieser Umstand lässt sich auch auf Vektoren und Listen übertragen lässt:

```
data.frame(
    id = 1:3,
    gender = c("Divers", "Männlich", "Weiblich"),
    score = c(10.22, 9.87, 10)
)
```

```
  id   gender score
1  1   Divers 10.22
2  2 Männlich  9.87
3  3 Weiblich 10.00
```

```
  list(
      eins = 1:3,
      zwei = c("A", "B", "C", "D")
  )

$eins
[1] 1 2 3

$zwei
[1] "A" "B" "C" "D"

  c(
      one = 1,
      two = 2,
      three = 3
  )

  one   two three
    1     2     3
```

Das Überprüfen der Datenstruktur Data frame knüpft an die bekannte Herangehensweise an und fördert damit eine kleine Überraschung zutage. R weist Data frames nämlich als Listen aus. Das hat damit zu tun, dass für R ein Data frame letztlich nichts anderes als eine Liste gleichlanger Vektoren darstellt. Da diese »spezielle Liste« als Datentabelle konzipiert ist, wird sie allerdings nicht als Vektor erkannt. Sie ist schließlich ein zweidimensionales Konstrukt, das aus Spalten *und* Zeilen besteht.

```
  is.data.frame(data.frame(1:2, c(TRUE, NA)))

[1] TRUE

  typeof(data.frame(1:2, c(TRUE, NA)))

[1] "list"

  is.list(data.frame(1:2, c(TRUE, NA)))

[1] TRUE

  is.vector(data.frame(1:2, c(TRUE, NA)))

[1] FALSE
```

Als tabellenähnliche Datenstruktur sind Data frames von zentraler Bedeutung für nahezu alle analytischen Vorhaben in R. Das mag mit ein Grund sein, weshalb innerhalb der R Community eine moderne Variante entwickelt wurde, die eine Vielzahl von Stolpersteinen aus dem Weg räumt, die sich historisch in diese so wichtige Datenstruktur eingeprägt hatten: sogenannte *Tibbles* (vgl. Müller/Wickham 2023). Tibbles lassen sich einfach aus Data frames erzeugen – im Grunde gleichen sie strukturell Data frames komplett – verbessern das allgemeine Handling aber massiv. Sie optimieren nicht nur die tabellarische Ausgabe in der Konsole, die bei Data frames sehr unübersichtlich ausfallen kann, sondern liefern z. B. auch präzisere Fehlermeldungen, die bei der Suche nach Problemlösungen sehr hilfreich sind. Man kann sich ein Tibble als modernen Mantel eines klassischen Data frame vorstellen, der mittels der Funktion `as_tibble()` aus dem `tibble`-Paket übergestreift werden kann:

```
library(tibble)

as_tibble(
    data.frame(
        id = 1:3,
        gender = c("Divers", "Männlich", "Weiblich"),
        score = c(10.22, 9.87, 10)
    )
)
```

```
# A tibble: 3 x 3
     id gender   score
  <int> <chr>    <dbl>
1     1 Divers   10.2
2     2 Männlich  9.87
3     3 Weiblich 10
```

Zum Abschluss dieses Lernschritts soll es nun allerdings weniger um die Modernisierung von Data frames als Tibbles gehen. Vielmehr rücken die Werkzeuge, die so etwas möglich machen, in den Fokus. Mehrfach wurden bereits Funktionen eingesetzt, ohne das zugehörige Konzept genauer zu beleuchten. Das gilt es nachzuholen und die metaphorische Beschreibung der funktionalen (Sprach-)Werkzeuge mit konzeptionellem Hintergrundwissen zu versorgen.

6.3 Funktionen

In R sind Funktionen stets daran zu erkennen, dass die Bezeichnung mit zwei runden Klammern endet. Die Klammern bilden ein Eingabefeld, das Informationen erwartet, die verarbeitet werden sollen. Bisher wurden Funktionen mit sprachlichen Werkzeugen gleichgesetzt, die Datentypen überprüfen oder Datenstrukturen erzeugen. Im Mikrokosmos von R existiert ein nahezu endloses Arsenal an solchen Werkzeugen, von denen einige bereits mit der Installation von R einsatzbereit sind und von denen andere durch die Installation sogenannter Pakete ergänzt werden können (vgl. Kap. 4).

Das Repertoire an verfügbaren Werkzeugen kann also schnell sehr umfangreich werden. Daher ist es hilfreich, dass alle Werkzeuge einer identischen einfachen und eingängigen Logik folgen: Mehr oder weniger strikte Eingaben werden verarbeitet und das Ergebnis anschließend in einem vorab festgelegten Format ausgegeben. Das kann von einfachen Informationen wie der Prüfung, ob es sich um einen Vektor handelt, bis hin zu komplexen Analyseverfahren reichen, die auf einen monströsen Datensatz angewendet werden.

6.3.1 Untersuchen

Generell ist es dabei empfehlenswert, sich die Funktion, die man verwenden will, etwas genauer anzusehen. Das gelingt in R auf eine denkbar einfache Art und Weise. Man muss lediglich den Namen der Funktion *ohne Klammern* eingeben und ihn ausführen:

```
typeof
```

```
function (x)
.Internal(typeof(x))
<bytecode: 0x1181ea7e8>
<environment: namespace:base>
```

Die erste Zeile gibt Aufschluss darüber, welche Eingabewerte (Argumente) die Funktion erwartet. Es folgt der R Code, den die Funktion ausführt, also ihre Verarbeitungsanleitung. Im aktuellen Beispiel fällt diese recht knapp aus. Sie kann aber gut und gerne eine Vielzahl an Zeilen füllen. Die letzten beiden Zeilen sind Metainformationen, die in der Regel wenig relevant sind.

6.3.2 Eingabewerte verstehen

Funktionen sind also Werkzeuge, die einen bestimmten R Code ausführen und das Ergebnis ausgeben. Hierfür scheint es nachvollziehbar, dass in der Regel Eingabewerte erforderlich sind. Bisher waren das häufig einzelne Werte oder komplexere Datenstrukturen, z. B. Vektoren. Tatsächlich existieren in R aber auch Funktionen, die ohne explizite Eingabewerte auskommen. Generell lassen sich vier Fälle unterscheiden: keine Eingabewerte, ein Eingabewert, mehrere festgelegte Eingabewerte, beliebig viele Eingabewerte.

```
Sys.time()
```

```
[1] "2025-04-26 11:49:28 CEST"
```

```
is.vector
```

```
function (x, mode = "any")
.Internal(is.vector(x, mode))
<bytecode: 0x118a14208>
<environment: namespace:base>
```

```
is.vector()
```

```
Error in is.vector(): Argument "x" fehlt (ohne Standardwert)
```

Vergisst man einen Eingabewert, erhält man schnell eine entsprechende Fehlermeldung. Hier wird darauf hingewiesen, dass das Argument x fehlt und es auch keinen Standardwert gibt. Im Fall von `is.vector()` bedeutet das, dass die Funktion zwingend einen Wert benötigt, damit sie ihre Aufgabe erledigen kann. Ein Aufruf ohne Eingabewert, bzw. genauer (worauf die Fehlermeldung hinweist) Argument, ist nicht möglich.

Viele Funktionen in R können mit mehr als einem Argument aufgerufen werden und häufig haben Funktionen schon Standardwerte hinterlegt. Die Hilfeseiten bieten hier einen guten Überblick (vgl. Kap. 12).

```
sd
```

```
function (x, na.rm = FALSE)
sqrt(var(if (is.vector(x) || is.factor(x)) x else as.double(x),
    na.rm = na.rm))
<bytecode: 0x11888a3c8>
<environment: namespace:stats>
```

Ein konkretes Beispiel ist die Berechnung der Standardabweichung, für die zwei Argumente festgelegt werden können. Zum einen ein numerischer Vektor x, für den die Standardabweichung berechnet werden soll und zum anderen die Einstellung, wie mit fehlenden Werten verfahren werden soll. Letztere verfügt über den Standardwert *FALSE,* was bedeutet, dass fehlende Werte nicht automatisch gelöscht werden sollen. Möchte man das Argument anpassen, muss man den neuen Wert eingeben.

```
sd(c(1:10))
```

```
[1] 3.02765
```

```
sd(c(1:10, NA))

[1] NA

sd(c(1:10, NA), TRUE)

[1] 3.02765
```

Neben keinem, einem oder mehreren Argumenten und der damit mehr oder weniger klaren Zuweisung von Werten gibt es noch einen Spezialfall. Ab und an findet sich die Angabe `...` als Argument für eine Funktion. Diese Schreibweise gibt an, dass beliebige Argumente an die Funktion übergeben werden können, die intern weiterverarbeitet werden. Das ist zum Beispiel dann der Fall, wenn Spalten von Data frames bearbeitet werden sollen oder Summen über eine zunächst unbekannte Anzahl numerischer Vektoren zu bilden sind.

```
sum

function (..., na.rm = FALSE)  .Primitive("sum")

sum(2, 3, 4)

[1] 9

sum(2:402)

[1] 81002

sum()

[1] 0
```

6.3.3 Argumente und ihre Namen

Diese Beliebigkeit ist keineswegs Standard. *Jedes Argument einer Funktion hat zwingend einen eindeutigen Namen,* mit dem die Funktion (intern) weiterarbeitet. Wenn Funktionen `...` als Eingabemöglichkeit angeben, gehen damit hohe Anforderungen an die funktionsinterne Verarbeitung einher. In allen anderen Fällen gelten strikte Regeln. Wird z. B. als Argument ein »x« verlangt, kann es kein »y« geben. Auch alle anderen Argumente, die nicht in der Definition der Funktion vorkommen, sind nicht erlaubt. Gerade zu Beginn der Datenanalyse mit R ist es ratsam, möglichst akribisch auf eine explizite Schreibweise zu achten. Konkret heißt das, auch wenn es etwas mehr Schreibarbeit ist, die zugewiesenen Argumente auszuschreiben und gerade nicht auf das (implizite) Wissen um die vorgegebene Reihung zu vertrauen.

```
is.vector(1:3)
```

```
[1] TRUE
```

```
is.vector(x = 1:3)
```

```
[1] TRUE
```

```
is.vector(y = 1:3)
```

```
Error in is.vector(y = 1:3): unbenutztes Argument (y = 1:3)
```

Die Vorteile, die damit einhergehen, mögen zunächst nicht auf der Hand liegen. Vermutlich mutet es sogar einfacher an, Werte implizit zu übergeben. Sobald jedoch eine Vielzahl an Argumenten übergeben werden muss, ändert sich das. Überdies erlaubt es die explizite Benennung von Argumenten, diese in individueller Reihenfolge an die Funktion zu übergeben, was andernfalls nicht möglich ist. Verzichtet man auf die explizite Zuweisung muss zwingend die Reihenfolge der Funktionsdefinition beibehalten werden. Da man manche Angaben explizit und manche implizit handhaben kann, ist die Hemmschwelle Argumente auszuschreiben, ggf. geringer.

```
sd(c(1:10, NA), TRUE)
```

```
[1] 3.02765
```

```
sd(na.rm = TRUE, c(1:10, NA))
```

```
[1] 3.02765
```

```
sd(TRUE, c(1:10, NA))
```

```
Error in if (na.rm) "na.or.complete" else "everything": Bedingung hat Länge > 1
```

Funktionen und Datenstrukturen markieren gewissermaßen das Basisvokabular, um mit R arbeiten zu können. Dieses Arbeiten gestaltet sich allerdings sehr schwierig, wenn sich R an nichts erinnern kann. Im nächsten Lernschritt steht daher das Gedächtnis von R im Mittelpunkt, das vor allem um die Frage kreist, wie es gelingen kann, Strukturen Namen zu geben, mit denen man fortan arbeiten kann.

Das Konzept eines Objekts in R verstehen 7

Oft wird davon gesprochen, dass in R alles ein Objekt sei. In diesem Lernschritt geht es darum, die Hintergründe dieser Aussage zu durchleuchten und ein besseres Verständnis zu entwickeln, was genau ein Objekt ist. Eine erste Annäherung ergibt sich direkt im Anschluss an die Überlegungen zu Datentypen und -strukturen. Letztendlich sind Objekte nichts anderes als *gespeicherte* Daten. Im Unterschied zu den flüchtigen Beispielen des vorhergehenden Lernschritts geht es daher im Weiteren um das Gedächtnis von R.

7.1 Objekte erschaffen: Namen vergeben

Das Gedächtnis von R besteht letzten Endes aus einer Vielzahl von gespeicherten Datenstrukturen bestimmter Typen, also Objekten. Um diese zu erschaffen, bedarf es eines bestimmten Operators, des sogenannten *Assignment Operators* (`<-`). Dieser weist bestimmten Daten einen expliziten Namen zu, mit dem fortan gearbeitet werden kann:

```
mein_name <- "Hallo"

mein_name
```

```
[1] "Hallo"
```

Der Benennung von Datenstrukturen sind dabei fast keine Grenzen gesetzt. Die Namen der erzeugten Objekte dürfen aus Groß- und Kleinbuchstaben bestehen,

F. Mundt und K. Horvath, *R Essentials*, Quantitative Sozialforschung, https://doi.org/10.1007/978-3-658-48794-2_7

Zahlen beinhalten und auch den Unterstrich und Punkt nutzen. Die einzige Einschränkung besteht darin, dass Zahlen nicht an erster Stelle stehen dürfen:

```
meinName <- "Hallo!"
MeinName <- "Hallo, noch mal!"
meinname <- "Hallo, erneut."
mein.name <- "Hallo, ich bin hier."
mein_name_1 <- "Hallo, hallo."


1_mein_name <- "Das wird schwierig."
```

```
Error in parse(text = input): <text>:1:2: unerwartete Eingabe
1: 1_
     ^
```

Darüber hinaus ist zu beachten, dass die Benennung exakt gespeichert wird und daher die Groß- und Kleinschreibung einen erheblichen Unterschied macht. Der Name bezieht sich nämlich auf ganz unterschiedliche Objekte:

```
meinName
```

```
[1] "Hallo!"
```

```
MeinName
```

```
[1] "Hallo, noch mal!"
```

```
mein.name
```

```
[1] "Hallo, ich bin hier."
```

Implizit verdeutlichen die Beispiele zudem, wie genau mit Objekten gearbeitet wird. Sobald ein neues Objekt mittels des <-Operators erzeugt wurde, ist es Teil des verfügbaren Gedächtnisses der jeweiligen R-Session und kann über den Namen jederzeit aufgerufen werden. In R kann so tatsächlich alles zum Objekt deklariert werden. Egal ob Textstücke, Rechnungsergebnisse oder ganze Plots – Objekte speichern den jeweiligen (End-)Zustand für die weitere Verwendung ab. Die Tatsache, dass stets ein Zustand gespeichert wird, ist zentral für ein nachhaltiges Verständnis von Objekten. Im Unterschied zu Funktionen, die einzelne Veränderungsanleitungen bereitstellen (Werkzeuge), ermöglichen Objekte das Abspeichern der Resultate, um diese zu einem späteren Zeitpunkt erneut zu verwenden.

```
ergebnis_1 <- 1 + 1
ergebnis_2 <- 2 * 2

ergebnis_1 - ergebnis_2
```

```
[1] -2
```

Die weitgehende Freiheit bei der Benennung von Objekten ist dabei zugleich Fluch und Segen. Zum einen ergeben sich gerade zu Beginn der Verwendung von R große Chancen, da die Namen so ausfallen dürfen, dass sie dem eigenen Verständnis helfen. Zum anderen erweisen sich kryptische und vor allem inkonsistent gewählte Namen als beliebte Fehlerquellen und heimtückische Stolpersteine. Beispielsweise ist es ohne weiteres möglich, einmal erzeugte Objekte zu überschreiben. R ist in diesem Fall erbarmungslos und löscht die alten Daten sofort und ohne gesonderte Meldung.

```
mein_sehr_wichtiges_ergebnis <- 2 * (3 + 1)
mein_sehr_wichtiges_ergebnis <- data.frame(id = c(1, 2), ergebnis = c(3, 87))
mein_sehr_wichtiges_ergebnis <- 1
mein_sehr_wichtiges_ergebnis
```

```
[1] 1
```

Als *good practice* lässt sich daher ableiten, dass man ein für sich sinnvolles Benennungsschema entwickelt und das möglichst konsequent anwendet. Beispielsweise könnte man Datensätze stets mit einem `df_` beginnen im Unterschied zu Plots, die mit einem `p_` starten. Das wichtigste Kriterium für ein solches Schema ist, dass es der eigenen Orientierung im Code zuträglich ist. Selbiges gilt für die konkreten Bezeichnungen. Gerade am Anfang kann es sinnvoll sein, ausführlich über den Namen zu beschreiben, um was für ein Objekt es sich handelt. Zwar ist das auch mittels begleitenden Kommentaren möglich, allerdings wird das Objekt vermutlich an ganz unterschiedlichen Stellen Verwendung finden, weshalb ein mitunter (über-)langer Name hilfreich sein kann. Mit zunehmendem Lernfortschritt mag sich das ändern, ganz verschwinden wird die Herausforderung der zugänglichen Bezeichnung in R nie.

Allzu schnell kann es daher geschehen, dass man ein Objekt überprüfen muss. Die schnellste Möglichkeit den »Inhalt« eines Objekt zu testen besteht darin, es in der Konsole auszuführen. Diese schnelle Variante kann aufschlussreich sein, ist in der Regel allerdings sehr dürftig. R bietet daher weitere Werkzeuge an, die eine umfassender Untersuchung von Objekten ermöglicht.

7.2 Objekte untersuchen

Allen voran ist das die Möglichkeit, die Struktur eines Objekts mittels `str()` genauer in Augenschein zu nehmen:

```
str(cars)
```

```
'data.frame':	50 obs. of  2 variables:
 $ speed: num  4 4 7 7 8 9 10 10 10 11 ...
 $ dist : num  2 10 4 22 16 10 18 26 34 17 ...
```

> **Beispieldaten**
> R liefert eine große Anzahl eingebauter Datensätze, mit denen experimentiert werden kann. Eine Übersicht liefert die Funktion `data()`. Die Datensätze sind im Standard-Paket `datasets` gebündelt.

Bei `cars` handelt es sich demnach um ein Data frame, das aus 2 numerischen Spalten und 50 Zeilen besteht. Der Datensatz ist Teil jeder R-Installation, um Beispieldaten für Demonstrationszwecke zu haben. Die `str()`-Funktion liefert einen schnellen Überblick und viele Informationen, die es erlauben, das Objekt `cars` genauer einzuordnen. In diesem Geist gibt es eine Gruppe weiterer Werkzeuge, die Einblicke in die strukturelle Beschaffenheit geben:

```
# Die "Länge" eines Objekts, im Fall von Data frames die Anzahl der Spalten.
length(cars)
```

```
[1] 2
```

```
# Die Anzahl der Spalten.
ncol(cars)
```

```
[1] 2
```

```
# Die Anzahl der Zeilen.
nrow(cars)
```

```
[1] 50
```

```
# Die Namen der Spalten.
colnames(cars)
```

```
[1] "speed" "dist"
```

```
# Die Namen der Zeilen
rownames(cars)
```

```
 [1] "1"  "2"  "3"  "4"  "5"  "6"  "7"  "8"  "9"  "10" "11" "12" "13" "14"
[15] "15" "16" "17" "18" "19" "20" "21" "22" "23" "24" "25" "26" "27" "28"
[29] "29" "30" "31" "32" "33" "34" "35" "36" "37" "38" "39" "40" "41" "42"
[43] "43" "44" "45" "46" "47" "48" "49" "50"
```

```
# Die "Klasse" eines Objekts.
class(cars)
```

```
[1] "data.frame"
```

Es lohnt sich der letzten Funktion `class()` etwas mehr Aufmerksamkeit zu schenken. Diese gibt `"data.frame"`, wodurch klar ist, um welche Datenstruktur es sich handelt. Damit liefert `class()` ähnliche Informationen wie `typeof()`, die hier allerdings `"list"` ausgeben würde. Das hat damit zu tun, dass `class()` ein spezielles Attribut eines Objekts ausgibt, das dessen strukturelle Klassifikation beschreibt. Sofern die Entwickelnden dieses Attribut festgelegt haben, kann es entsprechend ausgelesen werden. Neben bekannt erscheinenden »Klassen« wie »data.frame«, »list« oder »character« existieren daher auch solche wie »lm« für die Ergebnisse einer linearen Regression oder »MCA« für die Resultate einer multiplen Korrespondenzanalyse. `typeof()` beschränkt sich stattdessen auf die Basisdateitypen, aus denen die »Klassen« letztendlich bestehen. Um das individuelle Verständnis zu vertiefen, ist es sinnvoll, mit beiden Funktionen zu experimentieren. Neben Werkzeugen, die allgemeine oder spezielle Eigenschaften gezielt extrahieren existieren auch solche, die den Inhalt von Objekten zusammenfassend wiedergeben. Insbesondere `head()` und `summary()` sind hier zu nennen. Während die erste Funktion die ersten Zeilen des Data frames ausgibt, liefert die zweite einen deskriptiv-statistischen Überblick:

```
head(cars)
```

```
  speed dist
1     4    2
2     4   10
3     7    4
4     7   22
5     8   16
6     9   10
```

```
summary(cars)
```

```
     speed           dist       
 Min.   : 4.0   Min.   :  2.00  
 1st Qu.:12.0   1st Qu.: 26.00  
 Median :15.0   Median : 36.00  
 Mean   :15.4   Mean   : 42.98  
 3rd Qu.:19.0   3rd Qu.: 56.00  
 Max.   :25.0   Max.   :120.00  
```

Im Kontext der »Untersuchungstools« wird auch der Mehrwert, den Tibbles als moderne Data frames mitbringen, deutlich. Die Ausgabe eines Tibbles integriert mehrere Informationen, die man für »klassische« Data frames mehr oder weniger mühsam selbst erfragen muss (wie die Beispiele zuvor zeigen):

```
library(tibble)

as_tibble(cars)
```

```
# A tibble: 50 x 2
   speed  dist
   <dbl> <dbl>
 1     4     2
 2     4    10
 3     7     4
 4     7    22
 5     8    16
 6     9    10
 7    10    18
 8    10    26
 9    10    34
10    11    17
# i 40 more rows
```

Der *Assignment Operator* ermöglicht es beliebig viele Objekte mit eindeutigen Namen zu erzeugen. Das kann schnell unübersichtlich werden. Insofern ist es hilfreich, über den Ort, an dem die Objekte gespeichert werden Bescheid zu wissen.

7.3 Die Environment, das Gedächtnis einer R Session

Jede R Session erzeugt beim Starten ihre eigene *Environment* oder auch (Objekt-)Umgebung. Der Start von RStudio oder das Öffnen eines RStudio Projekts geht mit dem Anlegen einer jeweiligen Environment einher. Im Rahmen von Lernschritt 1 (Kap. 1) wurde im Sinn der Reproduzierbarkeit empfohlen, RStudio so zu konfigurieren, dass sichergestellt ist, dass diese Environment nach einem Neustart stets leer ist. Das entsprechende Pane (Abb. 7.1) teilt daher mit: »Environment is empty«.

Erst wenn ein Objekt erzeugt wird, füllt sich die Environment. Dieses Abspeichern im »Gedächtnis« geht mit einer unterstützenden Aufbereitung einher. Einzelne Werte werden von Daten (Data frames, Listen) genauso separiert wie von Funktionen. So kann man sehr schnell alle verfügbaren Objekte sehen. Das ist zwar auch über den Befehl `ls()` möglich, allerdings werden hier alle gespeicherten Objekte einfach aufgelistet. Das Environment Pane liefert überdies Informationen, die mittels den zuvor dargestellten Untersuchungswerkzeugen hergestellt werden. Nicht nur der Name einzelner Werte werden angezeigt, auch ihr Typ und die ersten Einträge. Für komplexere Datenstrukturen wird neben allgemeinen Informationen ein Verweis auf einen Data Viewer angeboten, mit dem man grafisch auf die Datentabelle ( ) oder -liste ( ) zugreifen kann. Der grafische Objekt-Viewer ist im Allgemeinen ein nützliches Werkzeug, das sich jederzeit und für jedes Objekt über `View()` öffnen lässt. Der Klick auf eines der beiden Symbole setzt genau diesen Code um.

Über das Orientieren im ab und an undurchsichtigen Objekt-Gedächtnis von R hinaus, verweist das Environment Pane auf die wichtige Option des Vergessens. Ein Klick auf den Besen ( ) löscht sofort alle gespeicherten Objekte. Das kann vor allem dann hilfreich sein, wenn ein Skript auf dessen Reproduzierbarkeit hin getestet werden soll. Im Grunde lassen sich Skripte als Anleitungen verstehen, die zu bestimmten Ergebnissen führen, indem sie bestimmte Objekte erzeugen und trans-

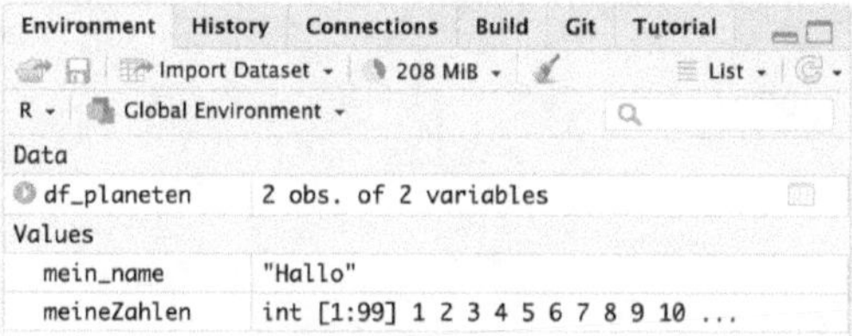

Abb. 7.1 RStudio Environment Pane

formieren. Nur wenn der Ablauf der Objekterzeugung fehlerfrei funktioniert, ist das Skript lauffähig, bzw. reproduzierbar. Neben dem Löschen der gesamten Environment lassen sich auch gezielt einzelne Objekte entfernen. Hierzu kann man entweder die Funktion `rm()` nutzen oder man stellt das Environment Pane von der Listen ( ) in die Grid ( ) Ansicht um, die das selektive Entfernen von Objekten erlaubt.

```
meine_zahlen <- 1:100
meine_zahlen

 [1]   1   2   3   4   5   6   7   8   9  10  11  12  13  14  15  16  17
[18]  18  19  20  21  22  23  24  25  26  27  28  29  30  31  32  33  34
[35]  35  36  37  38  39  40  41  42  43  44  45  46  47  48  49  50  51
[52]  52  53  54  55  56  57  58  59  60  61  62  63  64  65  66  67  68
[69]  69  70  71  72  73  74  75  76  77  78  79  80  81  82  83  84  85
[86]  86  87  88  89  90  91  92  93  94  95  96  97  98  99 100

rm(meine_zahlen)
meine_zahlen

Error: Objekt 'meine_zahlen' nicht gefunden
```

Nachdem Objekte erzeugt wurden, ist eine der häufigsten Operationen das Auswählen von Teilmengen der gespeicherten Daten. Wie genau dieses *Subsetting* in R gehandhabt wird, ist Thema des nächsten Lernschritts.

Teile von Daten auswählen 8

Die Auswahl von Teilmengen ist eine der zentralen Operationen in R. Hierfür existiert eine spezielle Syntax, die zwar auf unterschiedliche Arten verwendet werden kann, deren Grundkonzept aber bei allen Datenstrukturen identisch ist. Der »Auswahlmodus« wird über das Anfügen von *eckigen Klammern* (`[ ]`) aktiviert, in denen die jeweiligen Bedingungen für die Auswahl eines Teils der Daten festgelegt werden. In diesem Lernschritt geht es darum, die verschiedenen Möglichkeiten dieses *Subsetting* kennenzulernen und abschließend eine ab und an vorteilhafte Alternative zur »Klammerauswahl« zu erkunden.

8.1 Zahlen für die Auswahl nutzen

Aufbauend auf den fundamentalen Datenstrukturen von R (vgl. Tab. 6.2) besteht eine Möglichkeit Daten auszuwählen darin, ihren jeweiligen Index zu nutzen. Der Dimensionalität von Datenstrukturen folgend, besitzen Vektoren und Listen einen Index, der von 1 beginnend alle einzelnen Werte durchnummeriert. Da Data frames zweidimensionale Gebilde sind, existieren in diesem Fall zwei Indizes; einen für die Spalten und einen für die Zeilen. Kennt man also die Indexnummer der relevanten Einträge, kann eine Auswahl einfach realisiert werden.

F. Mundt und K. Horvath, *R Essentials*, Quantitative Sozialforschung,
https://doi.org/10.1007/978-3-658-48794-2_8

```
meine_zahlen <- c(2, 10, 71, -23, 100)
meine_zahlen[2]
```

```
[1] 10
```

```
meine_zahlen[c(2, 4, 5)]
```

```
[1]  10 -23 100
```

In der eckigen Klammer wird ein »Auswahlvektor« definiert. Letztlich handelt es sich dabei um einen numerischen Vektor, der alle gewünschten Werte enthält. Alles, was bisher über (Zahlen-)Vektoren gelernt wurde, kann direkt angewendet werden. Beispielsweise lassen sich Wertereihen, auch kombinierte, sehr einfach auswählen:

```
viele_zahlen <- 1:100
length(viele_zahlen)
```

```
[1] 100
```

```
meine_auswahl <- viele_zahlen[c(1, 10:17, 97:100)]
meine_auswahl
```

```
[1]   1  10  11  12  13  14  15  16  17  97  98  99 100
```

```
length(meine_auswahl)
```

```
[1] 13
```

Ähnlich verhält es sich mit Listen, in deren Kontext bereits von einem »Indexvektor« die Rede war:

```
meine_liste <- list(
    "ID" = 1:8,
    "Planeten" = c("Merkur", "Venus", "Erde", "Mars"  , "Jupiter", "Saturn",
  ↪  "Uranus", "Neptun")
)
meine_liste[2]
```

```
$Planeten
[1] "Merkur"  "Venus"   "Erde"    "Mars"    "Jupiter" "Saturn"  "Uranus"
[8] "Neptun"
```

In diesem Kontext ist es aufschlussreich, mit den Indexangaben zu experimentieren. Insbesondere nicht existente und negative Angaben führen zu spannenden Ergebnissen. Während negative Zahlen zum Ausschluss führen, produzieren Angaben jenseits des vorhandenen Indexvektors keinen Fehler, sondern fehlende Werte.

```
# Werte werden ausgeschlossen.
meine_liste[-1]
```

```
$Planeten
[1] "Merkur"  "Venus"   "Erde"    "Mars"    "Jupiter" "Saturn"  "Uranus"
[8] "Neptun"
```

```
meine_zahlen[-1]
```

```
[1]  10  71 -23 100
```

```
# Fehlende Werte werden erzeugt.
meine_liste[3]
```

```
$<NA>
NULL
```

```
meine_zahlen[999]
```

```
[1] NA
```

Alle bisherige Eigenschaften lassen sich direkt auf Data frames übertragen mit der ergänzenden Information, dass es zwei Indexvektoren gibt. Dem wird dadurch Rechnung getragen, dass die beiden Vektoren durch ein Komma in der eckigen Klammer getrennt werden. Der erste Eintrag verweist auf die Zeilen (»Zeilenvektor«), der zweite auf die Spalten (»Spaltenvektor«).

```
meine_daten <- data.frame(
    id = 1:3,
    gender = c("Divers", "Männlich", "Weiblich"),
    score = c(10.22, 9.87, 10)
)
meine_daten[1, ]
```

```
  id gender score
1  1 Divers 10.22
```

```
meine_daten[, 1]
```

```
[1] 1 2 3
```

```
meine_daten[1, 1]
```

```
[1] 1
```

```
meine_daten[c(1, 3), c(2, 3)]
```

```
    gender score
1   Divers 10.22
3 Weiblich 10.00
```

So vorteilhaft die Auswahl über Indizes auch sein mag, im Analysealltag mutet die Notwendigkeit des Wissens um die genaue Position der gewünschten Werte wenig intuitiv an. Zugänglicher ist die Möglichkeit, direkt den Namen der gewünschten Einträge zu benennen.

8.2 Namen für die Auswahl nutzen

Umso hilfreicher, dass sich abgesehen vom Verwenden von Buchstaben anstatt von Zahlen an der Schreibweise nichts ändert. Sollten Namen vorhanden sein, können diese problemlos genutzt werden.

```
alben <- c("Boy" = 1980, "October" = 1981, "War" = 1983, "Zooropa" = 1993)
alben[c("Boy", "Achtung Baby", "Zooropa")]
```

```
  Boy    <NA> Zooropa
 1980      NA    1993
```

```
diskografie  <- data.frame(
    "Titel" = c("Boy", "October", "War", "Zooropa"),
    "Jahr" = c(1980, 1981, 1983, 1993),
    "Charts_DE" = c(89, 96, 59, 1)
)
diskografie[, c("Jahr", "Charts_DE")]
```

```
  Jahr Charts_DE
1 1980        89
2 1981        96
3 1983        59
4 1993         1
```

Dabei ist besonders vorteilhaft, dass sich die numerischen und Angaben nach Belieben mit den konkreten Namen kombinieren lassen. Der produzierte R Code ist dadurch wesentlich einfacher nachzuvollziehen:

```
diskografie[1:2, c("Jahr", "Charts_DE")]
```

```
  Jahr Charts_DE
1 1980        89
2 1981        96
```

8.3 Flexible Auswahlbedingungen definieren

Die bisher diskutierten Auswahlwerkzeuge geraten an ihre Grenzen, wenn es darum geht, größere Datensätze zu filtern. Nicht immer lassen sich die Auswahlvektoren genau definieren. Oftmals sind flexible Angaben nötig, z. B. wenn man alle Zeilen mit Werten ab einer bestimmten Höhe auswählen möchte:

```
viele_zahlen <- 1:100
viele_zahlen[viele_zahlen > 90]
```

```
[1]  91  92  93  94  95  96  97  98  99 100
```

Sogenannte Bedingungen ermöglichen das flexible Filtern von Werten. Vor allem im Kontext von Data frames kann es dabei sehr nützlich sein, die Bedingungen in Vektoren zu speichern und so den Überblick zu bewahren.

```
# Ein Filter für die Zeilen wird definiert:
filter_jahre <- diskografie[, "Jahr"] > 1990
filter_jahre
```

```
[1] FALSE FALSE FALSE  TRUE
```

```
# Der Filter wird als Bedingungsvektor angewendet:
diskografie[filter_jahre, ]
```

```
    Titel Jahr Charts_DE
4 Zooropa 1993         1
```

Das Beispiel verdeutlicht, dass Bedingungen letztlich zu logischen Vektoren führen, die `TRUE` oder `FALSE` für jeden geprüften Wert beinhalten. Im Fall des Jahresfilters wurde zunächst die Spalte Jahre ausgewählt, die dann mit der Angabe 1990 verglichen wird. Als Resultat erhält man einen logischen Vektor, der im nächsten Schritt zum Filtern der Zeilen verwendet wird. Natürlich kann man den gesamten Code auch in einer Zeile schreiben, dann ist er allerdings (noch) schwieriger zu verstehen. Besonders eindrücklich wird das, wenn multiple Bedingungen, für die man auf eine Vielzahl vergleichender Operatoren zurückgreifen kann (vgl. *Relational Operators* in der R Hilfe, Kap. 12), mittels `&` kombiniert werden.

```
# Filter für die Zeilen werden definiert:
filter_jahre <- diskografie[, "Jahr"] < 1990
filter_jahre
```

```
[1]  TRUE  TRUE  TRUE FALSE
```

```
filter_charts <- diskografie[, "Charts_DE"] <= 10
filter_charts
```

```
[1] FALSE FALSE FALSE  TRUE
```

```
# Die Filter werden als Bedingungsvektor angewendet:
diskografie[filter_jahre & filter_charts, ]
```

```
[1] Titel     Jahr      Charts_DE
<0 Zeilen> (oder row.names mit Länge 0)
```

Im Allgemeinen mag das *Subsetting* in R etwas irritierend daherkommen. Obwohl die Auswahl im Grunde auf einigen wenigen Prinzipien aufbaut, kann die konkrete Anwendung schnell unübersichtlich werden. Trotzdem lohnt es sich, mit der Logik vertraut zu werden und die Techniken der Auswahl in R zu meistern. Vor allem deshalb, weil die erlernten Fähigkeiten universell auf alle R Objekte angewendet werden können.

8.4 Auswählen und (neu) zuweisen

Die große Bedeutung des *Subsettings*wird vor allem mit Blick auf den Umgang mit Objekten deutlich. In Kombination mit dem *Assignment Operator* ermöglicht das *Subsetting* nämlich das partielle und dauerhafte Verändern von Objekten. Im Grunde ist in R nichts schreibgeschützt und folgerichtig nahezu alles änder- oder überschreibbar.

```
diskografie[1, 1] <- "i/o"
diskografie
```

```
    Titel Jahr Charts_DE
1     i/o 1980        89
2 October 1981        96
3     War 1983        59
4 Zooropa 1993         1
```

```
colnames(diskografie)[1] <- c("Namen")
diskografie
```

```
    Namen Jahr Charts_DE
1     i/o 1980        89
2 October 1981        96
3     War 1983        59
4 Zooropa 1993         1
```

Erneut erweist sich eine große Freiheit als doppelschneidiges Schwert. Es ist sehr genau darauf zu achten, wann wie Daten »manipuliert« oder besser transformiert werden. Um diesen Prozessen etwas mehr Klarheit zu verschaffen, werden in Lernschritt 14 (Kap. 14) »moderne« Varianten der Datentransformation vorgestellt.

8.5 Die direkte Auswahl mittels $

Abschließend soll es noch um eine alternative Auswahl-Variante gehen, die vor allem dann genutzt werden kann, wenn gezielt auf einzelne Werte oder Vektoren zugegriffen werden soll. Vor allem bei Listen wird diese Vorgehensweise favorisiert, was bereits die Konsole deutlich macht.

```
meine_liste <- list(
     "a" = 1:10,
     "b" = c(TRUE, FALSE, TRUE)
)
meine_liste
```

```
$a
[1]  1  2  3  4  5  6  7  8  9 10

$b
[1]  TRUE FALSE  TRUE
```

Die Listennamen werden in der Ausgabe mit einem vorangestellten `$` kenntlich gemacht, was diese Möglichkeit des Zugriffs unterstreicht.

```
meine_liste$a
```

```
[1]  1  2  3  4  5  6  7  8  9 10
```

```
meine_liste$b
```

```
[1]  TRUE FALSE  TRUE
```

Ein genauer Blick auf das Ergebnis macht überdies deutlich, dass die durch den `$`-Operator umgesetzte Auswahl in einem Vektor resultiert. Der in der Liste enthaltene Vektor wurde gewissermaßen komplett herausgetrennt und kann nun weiter verwendet werden.
Der Zugriff über den `$`-Operator ist dabei ausschließlich benannten Elementen vorbehalten und ist trotz prominenter »Werbung« keineswegs auf Listen beschränkt, sondern lässt sich auch auf zweidimensionale Listen, also Data frames übertragen. Hier kann er sehr nützlich sein, da er die Auswahl von Spalten deutlich vereinfacht.

```
mein_data_frame <- data.frame(
    "a" = 1:10,
    "b" = 11:20,
    "c" = 21:30
)

mein_data_frame$c
```

```
[1] 21 22 23 24 25 26 27 28 29 30
```

```
zeilen_filter <- mein_data_frame$c > 22 & mein_data_frame$b < 19
spalten_filter <- 1:2

mein_data_frame[zeilen_filter, spalten_filter]
```

```
  a  b
3 3 13
4 4 14
5 5 15
6 6 16
7 7 17
8 8 18
```

Auch wenn der $-Operator die Arbeit mit Datentabellen vereinfacht, existiert mittlerweile eine moderne Variante für das *Subsetting* im Allgemeinen. Diese erlaubt es wesentlich intuitiver mit komplexen Datenbeständen umzugehen und wird Gegenstand von Lernschritt 14 (Kap. 14) sein. Wichtig ist zu verstehen, dass das Wissen um die basalen Auswahltechniken deshalb keineswegs obsolet ist. Vielmehr ist ein Wissen um die »klassischen« Techniken entscheidend für ein souveränes Arbeiten mit R. Schließlich lässt sich die »Magie« der neueren Ansätze nur dann vollständig meistern, wenn deren Grundbausteine verstanden wurden.
Bevor diese modernen Ansätze des Arbeitens mit R ins Zentrum rücken, wird es im nächsten Lernschritt u. a. aus diesem Grund darum gehen, eigene Funktionen zu schreiben – etwas, das erstaunlich einfach und zugleich immens bereichernd ist.

Einfache Funktionen selbst erstellen 9

In diesem Lernschritt steht das Erschaffen von Funktionen im Mittelpunkt. Über die bloße Anwendung von Funktionen und einem grundlegenden Verständnis dessen, was Funktionen sind (vgl. Kap. 6) hinaus, geht es darum, eigene Werkzeuge zu definieren und damit das individuelle Arbeiten zu vereinfachen. Die Möglichkeit eigene Funktionen zu verfassen entpuppt sich dabei schnell als wichtiger Baustein auf dem Weg zu einem versierten Umgang mit R. Das rührt vor allem daher, dass Funktionen in der Lage sind Aktionen zu automatisieren, indem sie Arbeitsschritte bündeln.

9.1 Arbeitsschritte bündeln

Eine Funktion zu erstellen ist denkbar einfach und folgt der bisher präsentierten Logik des Benennens von Objekten. Am Anfang steht also der Name, den die Funktion erhalten soll. Es gelten die gleichen Regeln wie bei der Bezeichnung von Objekten. Da Funktionen allerdings Werkzeuge sind, die etwas verändern, bietet es sich an Verben zu nutzen (und Substantive für Objekte zu reservieren). Der *Assignment Operator* weist der erdachten Bezeichnung sodann eine Funktion zu. Die Schreibweise folgt einer fixen Syntax. Es wird zunächst mitgeteilt, dass es sich um eine `function()` handelt. In den runden Klammern wird die Eingabe festgelegt, bevor zwei geschwungene Klammern den sogenannten *Function Body* rahmen. Dabei handelt es sich gewissermaßen um das »Code-Bündel«.

```
name_der_eigenen_funktion <- function(eingabe) {}
```


F. Mundt und K. Horvath, *R Essentials*, Quantitative Sozialforschung, https://doi.org/10.1007/978-3-658-48794-2_9

In dem *Function Body* kann nun beliebig umfangreicher herkömmlicher R Code verfasst werden, der die Eingabe verarbeitet. Diese ist in der runden Klammer benannt und kann innerhalb der Funktion als Platzhalter für die unterschiedlichen Anwendungen betrachtet werden. Ein Vorteil einer Funktion ist, dass sich der gesamte »Body-Code« mit dem Aufruf des Funktionsnamens ausführen lässt. Damit das klappt, ist es allerdings wichtig, zunächst den gesamten Code der Funktion auszuführen. Sobald das geschehen ist, taucht der Name der eigenen Funktion in der Environment auf und sie kann genutzt werden.

```
wurzelziehen <- function(eingabe) {
    eingabe^(1 / 2)
     "Die letzte Zeile"
}

wurzelziehen(2)
```

```
[1] "Die letzte Zeile"
```

```
wurzelziehen <- function(eingabe) {
    eingabe^(1 / 2)
}

wurzelziehen(2)
```

```
[1] 1.414214
```

```
wurzelziehen(10)
```

```
[1] 3.162278
```

Daraus resultiert ein kleiner Fallstrick, der beim Aktualisieren einer eigenen Funktion zu beachten ist. Wurde ein gebündelter Code verändert, muss der gesamte eigene Funktionscode ausgeführt werden. Es genügt nicht, nur die angepassten Passagen auszuführen. Erst wenn in der Environment der neue Code vorliegt, kann dieser genutzt werden.

► **Anonyme Funktionen**
In R ist es auch möglich anonyme Funktionen, d. h., namenlose Funktionen *ad hoc* zu erzeugen. Vor allem im Rahmen komplexer Datentransformationen oder innerhalb umfassender Funktionsdefinitionen kann das sehr hilfreich sein (vertiefend siehe Wickham 2019, Kap. 6).

Die Bündelung von Code bringt einen weiteren großen Vorteil mit sich, der mit einer nahezu automatischen Minimierung von Fehlerquellen einhergeht. Wenn man den mehrfach genutzten Code an einer Stelle verortet, ist dieser einfach zu warten und fehlerhafte Stellen müssen nicht erst mühsam über das gesamte Skript hinweg ausgemerzt werden. Aus diesem Grund ist es ratsam, allen selbst verfassten Funktionen einen fixen Ort im eigenen Skript und Projekt zuzuweisen. Das kann eine dezidierte *Code Section* (vgl. Kap. 2) sein, beispielsweise direkt nach dem Laden weiterer Pakete (die letztlich selbst ja nichts anderes als mehrere gepackte Funktionen sind).

9.2 Zum Output von Funktionen

Ohne weiteres Zutun arbeitet die selbst definierte Funktion `wurzelziehen()` wie erwartet. Es wird die Wurzel eines eingegebenen Werts gezogen und diese als Ergebnis ausgegeben (wie der zuvor präsentierte Code gezeigt hat). Hierfür sind keine speziellen Angaben nötig. Das hängt mit einem nützlichen Standard zusammen: Jede selbst definierte Funktion gibt die letzte Codezeile des *Function Body* als Ergebnis der gebündelten Arbeitsschritte zurück. Egal wie komplex die Kalkulationen ausfallen, selbst definierte Funktionen geben immer ein Ergebnis aus. Ohne weiteres Zutun wird dieses Ergebnis stets aus der letzten ausgeführten Zeile innerhalb des *Function Body* abgleitet.

Problematisch wird dieses Verhalten dann, wenn vor der letzten Zeile eine Rückgabe (Output) erfolgen soll. Beispielsweise dann, wenn die Eingaben überprüft und als unzureichend identifiziert wurden. Sollen in so einem Fall keine Standardfehlermeldungen erscheinen, ist eine vorzeitige Rückgabe nötig. Das lässt sich durch die Verwendung von zwei Hilfsmitteln erreichen. Einerseits der Angabe eines expliziten Rückgabewerts mittels der Funktion `return()`. Wird diese im *Function Body* aufgerufen, endet die Ausführung des gebündelten Codes sofort und die Funktion gibt den entsprechenden Wert zurück. Andererseits durch eine sogenannte *Flow Control* (vgl. Wickham 2019, Kap. 5). Das sind Bedingungen, die den R Code in unterschiedliche Richtungen lenken können und die mittels `if()` realisiert werden. Nur wenn die Bedingung erfüllt ist, wird der daran geknüpfte Code (gebündelt über geschweifte Klammern) ausgeführt.

```
wurzelziehen <- function(zahl) {
    fehlermeldung <- "Bitte eine Zahl verwenden!"            ①

    if (is.character(zahl) == TRUE) {                        ②
        return(fehlermeldung)
    }

    if (is.logical(zahl) == TRUE) {                          ③
        return(fehlermeldung)
    }

    zahl^(1 / 2)
}

wurzelziehen("eins")
wurzelziehen(FALSE)
wurzelziehen(2)
```

① Es wird eine Fehlermeldung "Bitte eine Zahl verwenden!" formuliert,
② die sowohl im Falle der Eingabe des Datentyps Text
③ als auch Logisch ausgegeben wird.

```
[1] "Bitte eine Zahl verwenden!"
[1] "Bitte eine Zahl verwenden!"
[1] 1.414214
```

9.3 Mehrere Eingaben nutzen

Funktionen weisen oftmals mehr als eine Eingabemöglichkeit auf. Neben dem *Function Body* ist es im Zuge der Definition einer Funktion möglich, mehrere Platzhalter festzulegen, die beim Aufrufen der Funktion genutzt werden können. In dem Kontext können zudem Standardwerte festgelegt werden. Das sind Angaben, die immer dann verwendet werden, wenn keine abweichenden Angaben gemacht werden. Im Grunde funktionieren multiple Funktionsargumenten identisch zu den Beobachtungen, die in Lernschritt 6 (Kap. 6) gemacht wurden. Der entscheidende Unterschied ist, dass im Kontext individueller Funktionen nahezu keine Grenzen bestehen, um die optimalen Werkzeuge für die eigenen Vorhaben zu kreieren.

```
addieren <- function(zahl_1, zahl_2) {
    zahl_1 + zahl_2
}

addieren(1, 2)
```

```
[1] 3
```

```
subtrahieren  <- function(zahl_1 = 0, zahl_2 = 0) {
    zahl_1 - zahl_2
}

subtrahieren()
```

```
[1] 0
```

```
subtrahieren(4, 10)
```

```
[1] -6
```

Eigene Funktionen müssen nicht zwingen komplexe Gebilde sein. Sie bieten sich auch immer dann an, wenn sich Code wiederholt. Folglich kann es auch sinnvoll sein, häufig verwendeten »externen« Funktionen einen individuellen Rahmen zu verpassen, der die favorisierten Einstellungen umsetzt. Auf diese Weise lässt sich effizient und elegant ein Set an eigenen Funktionen entwerfen, die einfach zu warten sind und »global« im Kontext der Analyse schnelle Anpassungen erlauben. Ein simples Beispiel für dieses Vorgehen ist die Berechnung des Mittelwerts, die von einer eigenen Funktion umschlossen wird. Diese legt fest, dass fehlende Werte stets ausgeklammert werden und ermöglicht es, das Rundungsverhalten festzulegen.

```
mittelwert <- function(vektor, runden = TRUE, nachkommastellen = 2) {
    ergebnis <- mean(vektor, na.rm = TRUE)

    if (runden) {
        ergebnis <- round(ergebnis, digits = nachkommastellen)
    }

  ergebnis
}

meine_zahlen <- c(1, 2, 5, NA)

mittelwert(meine_zahlen)
```

```
[1] 2.67
```

```
mittelwert(meine_zahlen, nachkommastellen = 4)
```

```
[1] 2.6667
```

```
mean(meine_zahlen)
```

```
[1] NA
```

Zugleich liefert dieses kleine Mittelwert-Beispiel eine gute Spielwiese, um eigene Experimente zu starten. Gerade mit Blick auf größere Analysevorhaben ergibt es Sinn, sich mit dem Verfassen individueller Funktionen vertraut zu machen und hierfür kleinere Versuche zu unternehmen. Viele Fehlerquellen und unnötig repetitive Skripte lassen sich dadurch vermeiden.

Ähnliches gilt für den nächsten Lernschritt, der sich noch einmal konzeptuell der (Programmier-)Sprache R nähert und die Syntax in den Mittelpunkt rückt.

Mit der Pipe arbeiten! 10

Der folgende Lernschritt greift eine Neuerung auf, die erst seit wenigen Jahren im R-Universum um sich greift. Die sogenannte *Pipe* ermöglicht vor allem eines: übersichtlicheren und intuitiveren Code zu schreiben, der ohne Klammerungetüme auskommt. Mit ein wenig Übung macht die Pipe keine großen Probleme. Dabei geht es vor allem darum, ihre Funktionsweise zu verstehen. Das ist auch deshalb sehr hilfreich, weil die *Pipe* mittlerweile in vielen Foren- und Blogbeiträgen ganz selbstverständlich verwendet wird.

10.1 Das Problem: Funktionen verketten

Bei der *Pipe* handelt es sich im Kern um einen neuen Operator (|>), der mit R 4.1 im Jahr 2021 eingeführt wurde. Um zu verstehen, weshalb die Auswirkungen dieser zwei neuen Zeichen auf das R-Universum enorm ausfallen, hilft es den Problemkern in Augenschein zu nehmen. Dieser lässt sich an einem Umstand festmachen, der um das Verketten von Funktionen kreist. Die »Probleme« beginnen immer dann, wenn ein Objekt mehrfach verändert werden soll. In R führt das schnell zu wenig einladenden »Klammergebirgen«, die »vom Gipfel« her gelesen werden müssen und deren letzte Veränderungsanweisung am Anfang des regelrechten Klammerungetüms steht:

F. Mundt und K. Horvath, *R Essentials*, Quantitative Sozialforschung, https://doi.org/10.1007/978-3-658-48794-2_10

```
paste(
    round(
        mean(
            c(1.2, 2.1, 5.44, 3.1709, 7.1, 11.334)
        ),
        digits = 2
    ),
  "cm")
```

```
[1] "5.06 cm"
```

Das magrittr-Paket
Die Einführung einer *nativen Pipe* in R ist dabei kein Zufall. Bereits zuvor hat der `%>%`-Operator des `magrittr`-Pakets Karriere gemacht und die Art und Weise wie R Code geschrieben wurde revolutioniert. Die `magrittr`-*Pipe* kommt vornehmlich im Kontext des sogenannten *tidyverse* zum Einsatz. Da es sich um eine Funktion eines zusätzlichen Pakets handelt, steht sie erst dann zur Verfügung, wenn das Paket geladen ist. Damit ist ein Unterschied angesprochen, von denen es noch weitere gibt: https://stackoverflow.com/questions/67633022/what-are-the-differences-between-rs-native-pipe-and-the-magrittr-pipe. Im Rahmen dieser Einführung wird ausschließlich die *native Pipe* verwendet.

10.2 Der Pipe-Operator als Lösung

Genau an dieser unbefriedigenden Situation setzt der *Pipe*-Operator an und ermöglicht eine neue Schreibweise, die dem entspricht, was prozesslogisch vorgeht. Praktisch ändert sich demnach gar nichts daran, was vorgeht oder welche Werkzeuge genutzt werden. Lediglich die Syntax wird variiert. Auch formal fällt die Definition der *Pipe* wenig dramatisch aus: `x |> f(y)` wird von R als `f(x, y)` interpretiert. Das erste Argument einer Funktion lässt sich mithilfe des *Pipe*-Operators also aus der Klammer herauslösen.

Damit entspricht die geschriebene Syntax eher einer Verarbeitungsanleitung, die an einem Objekt (Datenstruktur) ansetzt und dessen Veränderungsprozesse mittels bestimmter Werkzeuge (Funktionen) definiert. Solche Anleitungen fallen dann eher so aus: »Ausgangspunkt ist der Vektor `c(1.2, 2.1, 5.44, 3.1709, 7.1, 11.334)`. Zunächst soll aus diesem der Mittelwert berechnet werden, der danach auf zwei Nachkommastellen gerundet wird bevor abschließend die Einheit

›cm‹ hinzugefügt wird.« In R Syntax:

```
c(1.2, 2.1, 5.44, 3.1709, 7.1, 11.334) |>
    mean() |>
    round(digits = 2) |>
    paste("cm")
```

```
[1] "5.06 cm"
```

Der Vergleich beider Code Snippets zeigt deutlich die Vorzüge, die der *Pipe*-Operator mit sich bringt. Der »moderne« Code ist einfacher lesbar und wesentlich einfach anzupassen. Die einzelnen Anweisungsschritte durch die *Pipe* »aneinander gesteckt« werden, ist es sehr einfach Passagen auszuklammern, z. B. für Testzwecke.

```
c(1.2, 2.1, 5.44, 3.1709, 7.1, 11.334) |>
    # mean() |>
    round(digits = 2) |>
    paste("cm")
```

```
[1] "1.2 cm"   "2.1 cm"   "5.44 cm"  "3.17 cm"  "7.1 cm"   "11.33 cm"
```

10.3 Verarbeitungsanleitungen bauen

Zugleich gehen mit der neuen Schreibweise auch ein paar Regeln einher. So muss eine Pipe zwingend abgeschlossen sein. Der *Pipe*-Operator darf also nicht am Ende einer Anweisungskette stehen. Wichtig zum Verständnis von *Pipes* ist zudem die Weitergabe der Ausgangsdaten zu verinnerlichen. Der Vektor, der Ausgangspunkt der Anweisungskette ist, wird gewissermaßen »durchgereicht«. Daraus ergibt sich zweierlei. Zum einen ist die Reihenfolge einer Kette von Anweisungen nicht willkürlich. Die Funktionalität einer *Pipe* hängt daran, dass alle Anweisungen in der richtigen Abfolge ausgeführt werden. Zum anderen werden die Ausgangsdaten stets als *erster* Wert weitergegeben. Da `mean()`, `round()` und `paste()` Datenobjekte als erstes Argument erwarten, ist das im vorhergehenden Beispiel kein Problem. Sobald jedoch Funktionen verkettet werden, die davon abweichen als erstes Argument Datenobjekte zu erwarten, funktioniert die *Pipe* nicht mehr. Um diesem problematischen Umstand zu begegnen, existiert innerhalb einer *Pipe* ein spezielles Platzhalter-Zeichen, der Unterstrich (_), durch den sich die Weitergabe der »durchgereichten« Daten steuern lässt. Indirekt ist damit die Schreibweise von Funktionen angesprochen. Diese ist innerhalb einer *Pipe* nicht beliebig. Auch wenn keine weiteren Argumente an eine Funktion übergeben werden und diese lediglich die »durchgereichten« Ausgangsdaten verarbeitet, müssen dem Funktionsnamen zwei runde Klammern angefügt werden.

```
c(1.2, 2.1, 5.44, 3.1709, 7.1, 11.334) |>
    mean |>
    round(digits = 2) |>
    paste("cm")
```

```
Error in mean: The pipe operator requires a function call as RHS (<input>:2:5)
```

Dank des *Pipe*-Operators ist es möglich, einfach les- und schreibbare Anweisungsketten zu produzieren, die den sozialwissenschaftlichen Analysealltag nachhaltig prägen und vereinfachen. Vor allem in den Lernschritten, die sich um einen realitätsnahen Workflow drehen, wird daher konsequent auf *Pipes* zurückgegriffen. Auch wenn es sich letztlich »nur« um eine andere Syntax handelt, kann diese zu einem deutlich besseren Umgang mit R beitragen. Das trifft vor allem dann zu, wenn alle bisher diskutierten Konzepte kombiniert werden:

```
# Daten laden (built-in dataset)
df_autos <- cars

# Eigene Mittelwert-Funktion
mittelwert <- function(daten, spalte, digits = 4) {
    daten[, spalte] |>
        mean() |>
        round(digits = digits)
}

# Mittelwerte berechnen
mittelwert_speed <-
    df_autos |>
    mittelwert("speed") |>
    paste("mph")
mittelwert_speed
```

```
[1] "15.4 mph"
```

```
mittelwert_dist <-
    df_autos |>
    mittelwert("dist") |>
    paste("ft")
mittelwert_dist
```

```
[1] "42.98 ft"
```

► **Die Pipe(s) und RStudio**

In RStudio lässt sich die *Pipe* komfortabel über die Tastenkombination Cmd + Shift + M(macOS) oder Ctrl/Strg + Shift + M (Linux/Windows) einfügen. Ob die *native Pipe* (`|>`) oder die `magrittr`-*Pipe* (`%>%`) eingefügt wird, kann in den `Global Options` unter `Code` eingestellt werden.

Im weiteren Verlauf des Buchs wird dem alltäglichen Workflow, wie er sich bei diesem kleinen *Pipe*-Beispiel bereits andeutet, genauer nachgegangen. In mehreren Lernschritten werden ganz praxisnahe Fragen bearbeitet, die vom Importieren von Daten, über deren Verbreitung bis hin zum Abspeichern reichen. Die bisher thematisierten konzeptuellen Grundlagen kommen dabei immer wieder zum Tragen. In gewisser Weise lassen sich die Folgekapitel als vertiefende Anwendungen verstehen, die den teils abstrakten Konzepten forschungspraktische Szenarien zur Seite stellen.

Damit diese fortschreitende Auseinandersetzung mit und Aneignung von R als mächtiges Analysewerkzeug gelingt, ist allerdings noch ein doppelter »Zwischenritt« zu tun. Einerseits gilt es zu lernen, R besser zuzuhören und mit diversen (Fehler-) Meldungen produktiv umzugehen. Andererseits wollen die dargebotenen Hilfestellungen zielsicher genutzt werden.

Teil III
Intermezzo: Über Fehler und Hinweise

Mit (Fehler-)Meldungen umgehen

11

R ist flexibel, aber auch kleinlich und in seinen Rückmeldungen manchmal etwas kryptisch oder schroff. Umso wichtiger ist ein aktiver und bewusster Umgang mit den Fehler- und Warnmeldungen, die grundlegender Bestandteil der Arbeit mit R sind. Was bedeutet welche Fehlermeldung, wie dramatisch ist die Lage und wie findet sich ein Lösungsweg? Diesen und ähnlichen Fragen widmet sich der aktuelle Lernschritt.

11.1 Die unterschiedlichen Meldungen von R

In R gibt es verschiedene Arten und Formen der Rückmeldung. Manche sind ganz offensichtlich anhand von Textmeldungen in der Konsole lesbar, andere verhalten sich impliziter und bauen auf das Verständnis der Nutzenden. Das ist zum Beispiel dann der Fall, wenn die Konsole einfach gar nichts anzeigt. Zunächst soll es um die lesbaren Meldungen gehen, bevor die vermeintlich undurchsichtigeren Rückmeldungen thematisiert werden.

Grundsätzlich gibt es auch im Fall der Textmeldungen verschiedene Typen. Neben allgemeinen Informationsmeldungen existieren Warnmeldungen und Fehlermeldungen. Alle Meldungen erscheinen direkt in der Konsole und blockieren diese nicht. Es ist also in der Regel möglich, direkt nach einer Meldung weiterzuarbeiten. Ablesbar an der Arbeitsbereitschaft der Konsole, was durch ein > ausgedrückt wird und im Grunde als positive Rückmeldung im Sinne eines »ich [R] bin bereit« interpretiert werden kann.

F. Mundt und K. Horvath, *R Essentials*, Quantitative Sozialforschung,
https://doi.org/10.1007/978-3-658-48794-2_11

In den vorherigen Schritten sind an der ein oder anderen Stelle bereits diverse Meldungen erschienen. Auffallend ist, dass diese stets einem identischen Aufbau folgen:

```
as.numeric("Hallo")
```

```
Warning: NAs durch Umwandlung erzeugt
```

```
[1] NA
```

```
mein_geheimes_objekt
```

```
Error: Objekt 'mein_geheimes_objekt' nicht gefunden
```

Zunächst folgt die Beschreibung, um was für eine Rückmeldung es sich handelt (»Warning« oder »Error«). Nach einem Doppelpunkt folgt die Konkretisierung.

Für den weiteren Verlauf des Skripts mögen Warnmeldungen weniger kritisch sein. Normalerweise informieren diese über problematische Vorgänge, die zumindest bewusst wahrgenommen werden sollten. Im Beispiel ist das die Umwandlung der Eingabe »Hallo« in fehlende Werte (`NA`). Das kann erwünscht sein, könnte aber auch zu Schwierigkeiten führen. Daher warnt R sicherheitshalber vor dieser kritischen Veränderung, führt diese aber konsequent durch.

Anders verhält es sich mit Fehlermeldungen, die in RStudio in der Regel rot eingefärbt werden. In diesem Fall hat R ein echtes Problem, dass nicht überwunden werden kann. Der Code wird demnach *nicht* ausgeführt. Stattdessen informiert R so gut es geht darüber, wo der fehlerhafte Code zu suchen ist. Fehlermeldungen können dabei mitunter abstrakt und schwer zugänglich daherkommen. Die entscheidenden Passagen sind aber stets dieselben und befinden sich am Ende der Meldung.

Im Beispiel wird moniert, dass das »Objekt ›mein_geheimes_objekt‹ nicht gefunden« werden konnte. Es wurde also nicht erzeugt und befindet sich nicht in der Environment. Der Weg zur Lösung ist angezeigt, wenn das Objekt genutzt werden soll, muss es erst – wie auch immer – erschaffen werden. Wesentlich genauer sind die Fehlermeldungen von R in den seltensten Fällen. Gleichwohl genügen die Informationen meist, um die Wurzel des Übels ausfindig zu machen. Erst recht dann, wenn man diese zielsicher lesen kann.

Im Unterschied zu Warn- und Fehlermeldungen gibt R auch allgemeine Informationsmeldungen aus. Dabei handelt es sich überwiegend um allgemeine Meldungen, die weder auf potenziell problematische Vorgänge noch auf schwerwiegende Probleme, die die Ausführung des Codes verhindern, hinweisen. Oftmals scheinen sie beim Laden von Paketen auf und informieren darüber, dass das Paket in einer konkreten Version zur Verfügung steht.

Vor allem in den letzten Jahren wurde intensiv an der Aufbereitung von Meldungen gearbeitet, die zuweilen mit einer anschaulichen Farbgebung und unterstützenden Emojis daherkommt. Ein prominentes Beispiel ist das `tidyverse`-Paket, das beim erstmaligen Laden eine umfassende Bestandsmeldung liefert.

```
library(tidyverse)
```

```
-- Attaching core tidyverse packages ------------------ tidyverse 2.0.0 --
v dplyr     1.1.4     v readr     2.1.5
v forcats   1.0.0     v stringr   1.5.1
v ggplot2   3.5.2     v tibble    3.2.1
v lubridate 1.9.4     v tidyr     1.3.1
v purrr     1.0.4
-- Conflicts ------------------------------------ tidyverse_conflicts() --
x dplyr::filter() masks stats::filter()
x dplyr::lag()    masks stats::lag()
i Use the conflicted package (<http://conflicted.r-lib.org/>) to force all
↪  conflicts to become errors
```

Diese »modernen« Meldungen weisen mittlerweile ihre eigene Struktur auf, mit der man sich ebenso vertraut machen sollte. Oftmals werden weitere Arbeitshinweise mitgeliefert. Einleitend durch ein **i** markiert, sind diese knapp und verständlich formuliert und beinhalten oftmals Verweise zu weiterführenden Erläuterungen.

Egal, ob es sich um eine aufwendig aufbereitete Meldung eines Pakets oder eine eher schlicht daherkommende »Basisrückmeldung« von R handelt. Es lässt sich ganz allgemein festhalten, dass Meldungen jeglicher Art zunächst einmal genau gelesen werden sollten – auch dann, wenn der Code (scheinbar) problemlos funktioniert. Um diese Lesekompetenz zu fördern, werden im Folgenden weit verbreite Fehlerquellen (und deren Lösung) vorgestellt.

11.2 »Unerwartete« Syntaxfehler

R Skripte sind letztendlich Textdokumente, die von dem Gesprächspartner R als sinnvoll strukturierte und verfasste Anweisungen verstanden werden. Eine naheliegende und häufige Fehlerquelle sind daher »Kommunikationsprobleme«. R brandmarkt diese mit dem Zusatz »unerwartet« (»unexpected«), was nichts anderes bedeutet, als dass R mit dieser Eingabe nichts anfangen kann – das Programm hat also etwas anderes erwartet.

```
mein_vector <- c(1, 2, 3
```

```
Error in parse(text = input): <text>:2:0: unerwartetes Ende der Eingabe
1: mein_vector <- c(1, 2, 3
   ^
```

Die Lösung dieses Fehlertyps besteht folglich darin, die Eingabe verständlich zu machen. Man könnte auch sagen, dass es darum geht Syntaxfehler zu beheben. Diese geschehen schneller als gedacht. Bereits eine Klammer oder ein Komma an der falschen Stelle und R kann mit dem Geschriebenen nichts anfangen. Betrachtet man die zugehörige Fehlermeldung genauer, so wird nicht nur schnell ersichtlich was das Problem ist, sondern auch wo es bei der Eingabe gefunden werden kann. R gibt die nämlich die exakte Position der fehlerhaften Textstelle wieder. Diese werden zunächst konkretisiert (`Unerwartete(s) ','` und `Unerwartete(s) INCOMPLETE_STRING`), um daran anschließend mit einem ^ die genaue Passage anzuzeigen.

```
1, 1, 1
```

```
Error in parse(text = input): <text>:1:2: Unerwartete(s) ','
1: 1,
     ^
```

```
"Ornithopter sind ...'
```

```
Error in parse(text = input): <text>:1:1: Unerwartete(s) INCOMPLETE_STRING
1: "Ornithopter sind ...'
    ^
```

So einfach sich Syntaxfehler auch beheben lassen, besser ist es, sie werden erst gar nicht gemacht. Hierbei unterstützt RStudio aktiv (Abb. 11.1), indem es den verfassten R Code eine Live-Prüfung unterzieht und Syntaxfehler direkt moniert.

Links neben dem Skript-Pane existiert eine spezielle Spalte für Hinweise. Sobald eine fehlerhafte Syntax verfasst wurde, zeigt RStudio ein Error-Symbol an (⊗), das die betreffende Zeile als problematisch ausweist. Fährt man mit der Maus über das

Abb. 11.1 RStudio Echtzeit Codeanalyse

Symbol, poppt die zugehörige Fehlermeldung auf. Ein Ausführen des Codes ist gar nicht nötig, um die hilfreiche Meldung zu erhalten. Sobald die Syntax korrigiert wurde, verschwindet das Symbol und der nun fehlerfreie Code kann ausgeführt werden.

Dank der Syntaxkontrolle in Echtzeit lassen sich Eingabefehler frühzeitig erkennen und korrigieren, was demotivierende Situationen minimiert. Neben dem genauen Lesen von Fehlermeldungen gilt es also bereits im Schreibprozess die Hinweisspalte im Blick zu behalten und Error-Symbole ernst zu nehmen. Damit das hilfreiche RStudio Feature funktioniert ist lediglich darauf zu achten, dass die Skripte gespeichert sind. Ein neues, ungespeichertes Skript, von RStudio als »Untitled« bezeichnet, kann nicht analysiert werden.

11.3 Wenn etwas nicht gefunden wird, ...

Auch korrekte Eingaben können zu Fehlern führen, womit ein zweiter populärer Typ angesprochen ist. Dieser tritt immer dann auf, wenn R etwas nicht finden kann. Bei diesem Etwas handelt es sich in der Regel um Objekte oder Funktionen, also eigentlich bedeutungsvolle Namen, die aus irgendwelchen Gründen nicht korrekt identifiziert werden können. Da es sich durchaus um richtige Bezeichnungen handeln kann, hilft die Echtzeit-Überprüfung der Syntax in diesem Fall nicht weiter. Die linke Spalte im Skript-Pane zeigt nämlich keinerlei Hinweise an. Im Fall von »not found« Fehlern bleibt nichts anderes übrig, als die Meldung komplett zu lesen und davon ausgehend die Lösung zu suchen.

```
mein_geheimes_objekt
```

```
Error: Objekt 'mein_geheimes_objekt' nicht gefunden
```

```
as_tibble(1:10)
```

```
Error in as_tibble(1:10): konnte Funktion "as_tibble" nicht finden
```

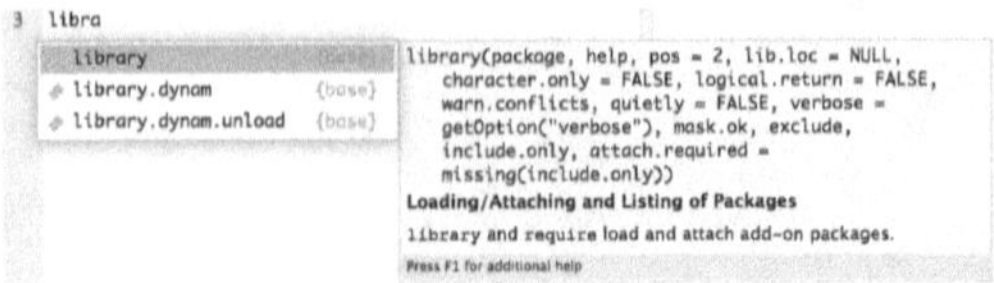

Abb. 11.2 RStudio Autovervollständigung

Oftmals bedeutet das, die Namen von verwendeten Objekten und Funktionen zu überprüfen inklusive der Rekapitulation ihrer Herstellung. Mitunter wurde vergessen die notwendigen Pakete zu laden, um bestimmte Funktionen verwenden zu können oder ein Skript wurde an einer mittleren Stelle ausgeführt, ohne die hierfür nötigen Objekte erstellt zu haben. Abhilfe schafft hierbei das vollständige Laden des Skripts, bzw. die Reproduktion (ggf. inkl. Installation aller Abhängigkeiten) bis hin zur aktuell problematischen Stelle.

Das hilft allerdings nicht immer. Schließlich kann es auch vorkommen, dass ein Name falsch geschrieben wurde. In diesem Fall handelt es sich dann doch um einen Tippfehler, der behoben werden muss. Da man Objekte und Funktionen weitgehend benennen kann, wie man möchte, kann die Codekontrolle hier wie gesagt wenig helfen. Ein anderes RStudio Feature hingegen schon. Bereits nach der Eingabe weniger Zeichen bietet die IDE eine *Autovervollständigung* an. Die umfasst neben allen Base R Funktionen auch alle geladenen Pakete und alle in der Environment gespeicherten Elemente. Man kann die Autovervollständigung zudem jederzeit mittels Tab öffnen.

Aus Gründen der Fehlervermeidung ist es sinnvoll, diese Funktion intensiv zu nutzen. Eventuell mag es zunächst widersinnig erscheinen, wenn empfohlen wird weniger zu schreiben und mehr vervollständigend schreiben zu lassen. Allerdings ist damit mehr gewonnen, als »nur« ein Zugewinn an Komfort. Da die Autovervollständigung stets die aktuelle R Umgebung umfasst und gerade nicht mehr, repräsentiert sie gewissermaßen das aktuell mögliche. Gelingt es nicht, eine gewünschte Funktion zu vervollständigen, so ist ein korrespondierendes Paket nicht geladen (was zunächst zu tun ist). Ebenso verhält es sich mit Objekten. Die Autovervollständigung gibt die Sicherheit, dass Objekte existieren und minimiert nervige Tippfehler.

Wie Abb. 11.2 zeigt, leistet dieses Feature von RStudio sogar noch mehr. Die Autovervollständigung zeigt nicht nur alle infrage kommenden Objekte und Funktionen in einer ansprechend aufbereiteten Liste an, sondern integriert darüber hinaus entweder die jeweilige Hilfeseite für Funktionen oder eine knappe Vorschau

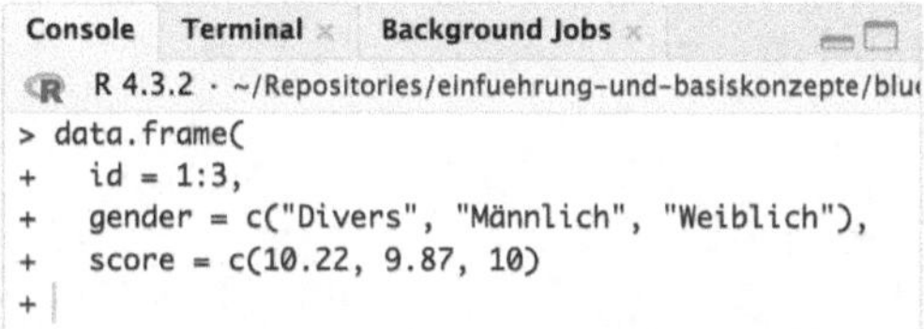

Abb. 11.3 R Konsole, die auf eine weitere Eingabe wartet

für Objekte. Leicht ausgegraut in geschweiften Klammern wird zudem über die Herkunft der Funktion oder des Objekts informiert. Im Fall von eigenen Kreationen wird dort »{.GlobalEnv}« angezeigt, was für die Environment der aktuellen R Session steht. Entstammen die potenziellen Vervollständigungen anderen Quellen (Paketen), werden diese konkret benannt. Die Funktion `library()` ist folglich im `base`-Paket zu finden.

11.4 Auf die Rückmeldung der Konsole achten

Darüber hinaus kann es schnell zu einem dritten Szenario kommen, das weit weniger dramatisch ist. Die Konsole zeigt dann ein + und ermöglicht zwar die weitere Eingabe, verhält sich aber irgendwie kurios.

Abb. 11.3 zeigt eine solche Situation, aus der zugleich die Hintergründe abgelesen werden können. Immer dann, wenn eine Anweisung unvollständig eingegeben wurde, wartet R auf den fehlenden Teil. Das + zeigt demnach an, dass bei der begonnenen Eingabe noch etwas fehlt, das ergänzt werden muss. Das können neben nicht geschlossenen Klammern aller Art auch einzelne Anführungszeichen oder fehlende Operanden sein. Egal wie oft man die Eingabe-Taste betätigt, R bleibt beim +. Um diesen »wartenden« Modus zu verlassen, muss entweder eine (hoffentlich stimmige) Eingabe gemacht werden oder die Situation muss explizit durch einen Tastendruck auf Esc beendet werden.

Das Wissen darum, wie mit Fehlern und Meldungen jeglicher Art konstruktiv umgegangen werden kann, ist zweifelsohne essenziell für das souveräne und motivierende Arbeiten mit R. Mindestens ebenso wichtig ist es zu wissen, wo man sich weiterführende Hilfe holen kann. Der nächste Lernschritt widmet sich daher den vielfältigen Ressourcen, die R und die R Community bereitstellen und der Frage, wie diese *on the fly* genutzt werden können.

12 Hilfe holen

In diesem Lernschritt dreht sich alles um die in R eingebaute und meist sehr gut ausgearbeitete Hilfe. Es ist eine der vorzüglichen Eigenschaften von R und nahezu aller Pakete, dass jede Funktionalität mit einer umfassenden Dokumentation inklusive einschlägiger Beispiele daherkommt. Oftmals handelt es sich bei diesen Ressourcen um die ersten Anlaufstellen, wenn Unsicherheiten in der Bedienung auftreten. Sollten diese auf die Schnelle verfügbaren Quellen an ihre Grenzen kommen, wurden in Lernschritt 5 (Kap. 5) vertiefende Hinweise aufgelistet.

12.1 Die Hilfe im Allgemeinen nutzen

In RStudio ist die Hilfe in einem speziellen Pane lokalisiert und jederzeit aufrufbar (Abb. 12.1). In der Standardkonfiguration ist sie in einem Tab neben der Paketübersicht zu finden:

Wie die Startseite der Hilfe bereits zeigt, gibt es eine Vielzahl an abgedeckten Themen. Diese reichen über R-spezifische Inhalte über konkrete Anleitungen und FAQs bis hin zu detaillierten Dokumentationen einzelner Pakete. Insbesondere letztere sind für das tägliche Arbeiten mit R von großer Bedeutung. Auch wenn sich mit zunehmender Nutzung eine gewisse Vertrautheit mit R einstellt, kann sich niemand alle Möglichkeiten, die Pakete bieten, merken. Nicht nur, dass die Anzahl an Werkzeugen und deren Optionen schier endlos sind, sie werden auch noch beständig weiterentwickelt. Neue Pakete werden erfunden und ältere aktualisiert. Die Dokumentation ist daher eine mehr als hilfreiche Karte, die hilft, die Orientierung zu wahren.

F. Mundt und K. Horvath, *R Essentials*, Quantitative Sozialforschung,
https://doi.org/10.1007/978-3-658-48794-2_12

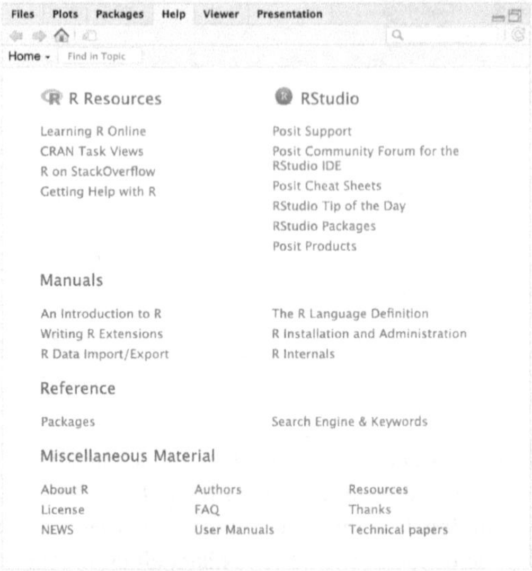

Abb. 12.1 RStudio Help Pane

Es ist daher umso erfreulicher, dass die Bedienung der Hilfe in RStudio denkbar einfach angelegt ist. Vor allem die Suche rechts oben im Help Pane stellt einen guten Ausgangspunkt für Fragen aller Art dar. Hier kann man nach Paketen, Funktionen oder allgemeinen Fragen suchen, die schnell in einer übersichtlichen Darstellung angezeigt werden. Die tiefe und durchdachte Integration der Hilfe wird spätestens dann sichtbar, wenn man z. B. eine fragliche Funktion gesucht und gefunden hat und diese anklickt. Automatisch wird die entsprechende Stelle in der Paket-Dokumentation geöffnet. Diese lässt sich alternativ auch über das Package Pane, ein Klick auf das Paket und schließlich auf die Funktion erreichen; mit der Suche ist der Vorgang allerdings schneller erledigt.

Sowohl die Dokumentation aller Funktionen eines Pakets als auch die einzelnen Seiten für konkrete Funktionen sind normiert aufgebaut. Es ist sinnvoll, sich mit den Grundzügen vertraut zu machen, um die angebotene Hilfe optimal nutzen zu können. Über die einzelnen Hilfeseiten hinaus ist bei der Startseite einer Paket-Dokumentation vor allem der obere Teil interessant (vgl. Abb. 12.2).

Dort finden sich neben der allgemeinen Beschreibung des Pakets, Hinweise zu weiterführenden Inhalten wie User Guides oder Vignetten. Das sind meist prägnante Artikel, die bestimmte Anwendungsszenarien erläutern oder weiterführende Bei-

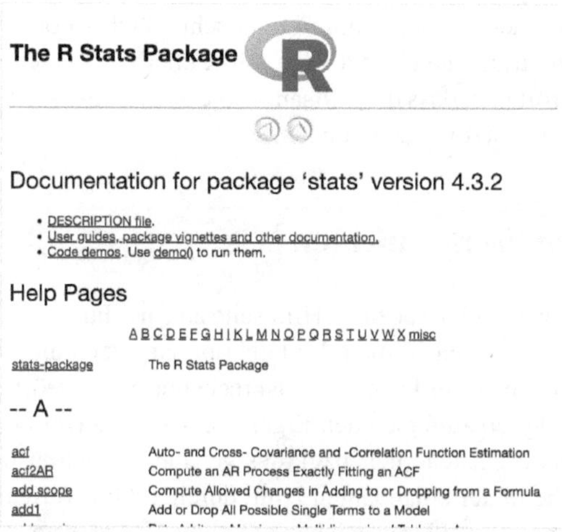

Abb. 12.2 Paket-Dokumentation

spiel thematisieren. Da diese häufig neuralgische Punkte der Paketnutzung ansprechen, lohnt es sich, diese genauer in Augenschein zu nehmen.

Die praxisnahe Ausrichtung zeigt sich auch, wenn die Hilfeseite einer bestimmten Funktion genauer angesehen wird, z. B. jene von »acf«, um beim in Abb. 12.2 abgebildeten `stats`-Paket zu bleiben. Neben einer knappen Beschreibung der Funktion folgt die formale Darstellung der Benutzung, aus der man direkt alle möglichen Argumente inkl. ggf. vorhandener Standardwerte ablesen kann. Im darauffolgenden Abschnitt werden alle Argumente ausführlich vorgestellt, was explizit die möglichen Werte mit einschließt. Ab und an folgt darauf ein Abschnitt, der noch mehr ins Detail geht und Spezialfälle thematisiert.

Besonders hilfreich ist das Ende einer jeden Hilfeseite. Nach den Angaben zu den Autorinnen und Autoren und den Quellen werden nämlich Tipps für eng verbundene weitere Funktionen (»See Also«) und ausführbare Beispiel mitgeliefert (»Examples«). Diese demonstrieren nicht nur den allgemeinen Gebrauch der Funktion, sie machen oftmals auch auf bestimmte Einsatzmöglichkeiten oder potenzielle Stolpersteine aufmerksam. Der Maxime *Learning by Doing* folgend sind die Beispiele zudem so konzipiert, dass sie geschlossene Minimalbeispiele darstellen. Man kann sie problemlos mit einem Klick auf »Run examples« ausführen oder – was vermutlich hilfreicher ist – komplett in ein Skript oder die Konsole kopieren und ausführen. So kann man sie für weitere Experimente nutzen und ein tieferes Verständnis der Funktion aufbauen.

An der Nutzung der Konsole kommt man schließlich so oder so nicht vorbei. Sie ist die Schaltzentrale, die ein Arbeiten mit R überhaupt erst ermöglicht. Da ist es besonders komfortabel, dass die Hilfsangebote auch direkt aus ihr heraus mittels spezieller Befehle genutzt werden können.

12.2 Hilfe *on the fly* aufrufen

Will man beispielsweise eine spezielle Hilfeseite zu einer Funktion aufrufen, genügt es ein Fragezeichen vor den Namen der Funktion zu setzen und den Code auszuführen. Sofort wird im Help Pane die entsprechende Seite geöffnet. Die Eingabe von `?acf` führt folglich zum gleichen Ergebnis, wie der zuvor beschriebene Weg. Besteht eine gewisse Unsicherheit bzgl. des genauen Funktionsnamens oder soll generell eine Suche in der eingebauten Hilfe durchgeführt werden, ist das einfach durch die Nutzung von zwei Fragezeichen möglich. `??acf` listet dementsprechend im Help Pane das Suchergebnis auf, welches etwas umfassender als eine einzelne Seite ausfällt.

Im Grund handelt es sich bei `?` und `??` um spezielle Hilfe-Operatoren, die eine einfache Schnittstelle zur eingebauten Dokumentation darstellen. Sie sind zugleich ein ausgezeichnetes Beispiel dafür, dass in R alles aus den gleichen fundamentalen Konzepten konstruiert ist. Insofern überrascht es wenig, dass beide Operatoren letztlich selbst Funktionen sind, die eine Hilfeseite haben. Hierzu einfach folgenden Code ausführen: `?"?"`

Eine weitere Möglichkeit Hilfeseiten *on the fly* aufzurufen wird durch RStudio bereitgestellt. Wie im vorherigen Lernschritt in Abb. 11.2 bereits zu sehen war, integriert die automatische Vervollständigung die eingebaute Dokumentation auf hilfreiche Art und Weise. Besonders wichtige Passagen der Dokumentation werden bereits bei der Eingabe angezeigt, wodurch mit fortschreitender Erfahrung ein Besuch der kompletten Hilfeseite überflüssig wird. Ist er doch einmal nötig, kann die entsprechende Seite durch einen Tastendruck auf F1 direkt geöffnet werden.

Neben den Hilfeseiten existieren auch für die Vignetten spezielle Funktionen, um diese einfach über die Konsole aufrufen zu können. Zunächst ist da das eingängige `vignette()`. Ohne spezielles Argument listet es alle verfügbaren Vignetten aller installierter Pakete. Aus der aufscheinenden Liste kann man sich die gewünschte Vignette wählen und deren Namen als Argument an `vignette()` übergeben. Da die Fülle an verfügbaren Vignetten erschlagend sein kann, mag es hilfreich sein die Auswahl einzuschränken. Wie auf der Hilfeseite zur Funktion nachgelesen werden kann, akzeptiert sie einen Textvektor für das Argument »package«, der als Filter fungiert. Die Eingabe `vignette(package = c("stats", "utils"))` zeigt folglich nur die Vignetten der Pakete `stats` und `utils`. Auf diese Weise reduziert fällt die Auswahl wesentlich leichter. Der Aufruf erfolgt sodann über den gewünschten Namen, beispielsweise `vignette("reshape")`.

Wem all das zu viel Tipparbeit ist, kann auf `browseVignettes()` zurückgreifen. Im Unterschied zu `vignette()` öffnet diese Funktion eine Website, die alle verfügbaren Vignetten – ggf. durch ausgewählte Pakete limitiert – listet. Über diese Seite ist es möglich, die korrespondierenden Dateien per Klick direkt zu öffnen.

▶ Einen guten Überblick über die verschiedenen Möglichkeiten der »Hilfe zur Selbsthilfe« inklusive einiger Hintergrundinformationen und Anwendungsbeispiele bietet die entsprechende Rubrik auf der offiziellen Website des R Projekts (The R Foundation 2024).

12.3 Die RStudio Instant-Hilfe nutzen

Über den Zugriff auf die eingebauten Hilfeangebote von R hinaus bringt RStudio ein nützliches Verhalten mit sich, das allzu oft übersehen wird. Sobald die Maus über bestimmten, meist klickbaren, Symbolen der IDE verharrt, wird ein Popup angezeigt, das erklärende Informationen liefert. Auch wenn die Mehrzahl dieser Hinweise IDE-spezifisch sind und die jeweiligen Symbole oder Buttons erläutern, beschränken sie sich nicht drauf. Bestes Beispiel sind die aufscheinenden Fehlererläuterungen der Echtzeit Codeanalyse, die im vorhergehenden Lernschritt thematisiert wurden. Es lohnt sich also, die oftmals farbigen Symbole genauer zu untersuchen. Viel mehr als ein Verharren mit der Maus ist dafür nicht zu tun.

12.4 KI als zusätzliche Hilfe

Wesentlich umfassender fallen die aktuell viel diskutierten Möglichkeiten sprachgenerativer künstlicher Intelligenz aus. Diese machen auch vor R und RStudio keinen Halt und haben durchaus das Potenzial die Art und Weise wie R Code verfasst wird, nachhaltig zu verändern. Die aktuelle RStudio Version beinhalten bereits von Haus aus eine Copilot-Integration (GitHub (2024)). Dabei handelt es sich um eine KI von GitHub, die sich in den Prozess des Schreibens von Code einfügt. Einmal aktiviert (unter `Tools > Global Options... > Copilot`), werden direkt Vorschläge für die nächsten Zeilen gemacht oder es können Anweisungen für erwünschten Code in natürlicher Sprache gegeben werden (Posit 2023).

Mittels dem RStudio Addin *GPTstudio* (Nivard 2024) lassen sich zudem weitere *Large Language Models* wie Open AI's ChatGPT oder Googles Gemini direkt aus der IDE heraus verwenden. So verlockend und vielversprechend diese Möglichkeiten auch sind, gerade mit Blick auf die Vielfalt an Optionen mit R zu arbeiten und R Code zu schreiben, ist eine gewisse Vorsicht geboten. Ohne ein fundiertes Wissen um die Grundkonzepte von R besteht die reelle Gefahr, dass ein zunächst funktionaler aber undurchsichtiger und anfälliger Code entsteht.

▶ **RStudio Addins**
RStudio Addins sind funktionale Erweiterungen der IDE. Meistens handelt es sich um kleine Tools, die optimierte grafische Benutzeroberflächen für komplexe Aufgaben bereitstellen. Es lohnt sich, die stetig wachsende Palette angebotener Addins im Auge zu behalten (siehe Posit 2024b). Je nach Anwendungsszenario können sich diese als nützliche Helferlein erweisen.

Nach diesem knappen Intermezzo zum Umgang mit (Fehler-)Meldungen und einigen Tipps für die schnelle Selbsthilfe nehmen die nächsten Lernschritte den alltäglichen Workflow in den Blick und besprechen Schritt für Schritt typische Herausforderungen und Aufgaben. Am Anfang steht dabei in den meisten Fällen die mitunter heikle Frage, wie R überhaupt zu den eigenen Daten kommt.

Teil IV

Das Tidyverse: Den alltäglichen Workflow meistern

13 Daten importieren und exportieren

Mit diesem Lernschritt rückt der typische Workflow in den Mittelpunkt, der eine sozialwissenschaftliche Anwendung von R im Großen und Ganzen ausmacht. Über den Datenim- und export, der Thema dieses Lernschritts ist, wird in den nächsten Kapiteln die Transformation und Visualisierung von Daten sowie der Umgang mit speziellen Daten in den Blick genommen. Das Ziel ist eine möglichst praxisnahe Umsetzung und Anwendung der zuvor thematisierten Basiskonzepte der (Programmier-)Sprache R. Damit das gelingt, wird einerseits auf aktuelle Ansätze zurückgegriffen, die eine intuitive Verwendung von R garantieren. Die dafür nötigen Pakete firmieren unter dem Sammelbegriff »Tidyverse«. Andererseits sind vor allem die komplexeren Code-Beispiele so konzipiert, dass sie zum individuellen Erkunden einladen. Sie können als Ausgangspunkt für weiterführende Experimente betrachtet werden, die es ermöglichen die Weiten von R und im Besonderen des Tidyverse zu erforschen.

Was genau hat es mit dem Tidyverse auf sich? Im Grunde ist damit lediglich eine Gruppe von Paketen bezeichnet, die Werkzeuge zur Verfügung stellen, mit denen sich »moderner«, soll heißen ansprechender, zugänglicher und performanter R Code produzieren lässt. Der Verwendung dieser Pakete in den folgenden Lernschritten liegt eine doppelte Intention zugrunde. Zum einen soll so sichergestellt werden, dass die präsentierten Szenarien *up to date* und damit anschlussfähig an das aktuelle Geschehen im R Kosmos sind. Hier lässt sich eine zunehmende Dominanz von Tidyverse-Arbeitstechniken beobachten. Zum anderen wird auf diese Weise ganz praktisch vorgeführt, dass es in R viele Wege zum Ziel gibt. Denn auch wenn das Tidyverse viele nützliche und komfortable Werkzeuge zur Verfügung stellt, letztlich lässt sich alles auch mit *Base R"* (der Standard Intallation von R) realisieren. Insofern überrascht es wenig, dass man häufig auch Kombinationen von Tidyverse und

F. Mundt und K. Horvath, *R Essentials*, Quantitative Sozialforschung,
https://doi.org/10.1007/978-3-658-48794-2_13

Base R Funktionen findet. Damit wird noch mal die große Bedeutung eines soliden Verständnisses der zugrundeliegenden Basiskonzepte unterstrichen, die auch für das gesamte Tidyverse gültig sind.

> **Das Tidyverse**
> Beim Tidyverse handelt es sich um ein Set von aufeinander abgestimmten R-Paketen, die speziell für *Data Science* Anwendungen konzipiert sind und vor allem von Posit aktiv weiterentwickelt werden (Posit 2024c). Da sich die bereitgestellten Werkzeuge durch eine konsistente und intuitive Konzeption auszeichnen, sind sie mittlerweile sehr populär und werden häufig als »moderne« Alternativen zu den »Basiswerkzeugen« bezeichnet.

13.1 Der RStudio Import-Dialog

Dank RStudio hat der Import von Daten viel von seinem Schrecken verloren. Das lässt sich vor allem auf den durchdachten Import-Dialog zurückführen. Unter dem Menüpunkt `File` findet sich ein Untermenü `Import dataset`, das diverse Möglichkeiten des Datenimports auflistet. Alternativ kann dasselbe Menü auch über den » Import Dataset«-Button im Environment Pane aufgerufen werden. Durch die Position dieses Buttons lässt sich die zugrundeliegende Prozesslogik nachvollziehen. Um Daten in R zu importieren, müssen diese als Objekt in die Environment geladen werden. Strukturell dürfte es sich in sozialwissenschaftlichen Kontexten bei diesen Objekten um Data frames – im Rahmen des Tidyverse automatisch Tibbles – handeln (vgl. Kap. 7). Im Grund geht es also darum, mit speziellen Import-Funktionen externe Daten in R Datenstrukturen zu verwandeln, mit denen sich fortan weiterarbeiten lässt.

Der Aufbau des Submenüs zum Import macht deutlich, dass es je nach zu importierenden Daten unterschiedliche Funktionen gibt. Für R macht es einen großen Unterschied, ob kommaseparierte Textdateien (CSV), Excel-Sheets oder SPSS-Datensätze importiert werden sollen. Für jede Variante existiert eine eigens konstruierte und an die jeweiligen Bedürfnisse angepasste Funktion. Auf einige wird später etwas genauer eingegangen. Im Folgenden wird der Import-Prozess anhand des schlichten CSV-Formats exemplarisch durchgespielt. Zu diesem Zweck wurde eine Beispieldatei erstellt, die Präferenzen zum Teekonsum von zehn fiktiven Personen enthält.

▶ **Zugriff auf die Beispieldateien**
Alle Beispieldaten können online über das GitHub-Repositorium des Buchs abgerufen und zur Replikation der Beispiele genutzt werden.

Der Import der Datei erfolgt mittels des »From Text (readr)«-Dialogs (Abb. 13.1). Das aufscheinende Fenster ermöglicht über einen Klick auf »Browse…« die Auswahl der Beispieldatei auf der Festplatte. Sobald das geschehen ist, wird eine »Data Preview« angezeigt, die zur Prüfung der gelesenen Daten dient. Wurden die Spalten und die Titelzeile korrekt erkannt? Sind direkt Probleme sichtbar, die sich über spezielle Einstellungen unteren linken Bereich beheben lassen? Dabei ist es besonders hilfreich, dass die Vorschau nach jeder geänderten Einstellung automatisch aktualisiert wird. Das gilt auch für die »Code Preview«, die den korrespondierenden R Code anzeigt. Vor allem diese Möglichkeit interaktiv den korrekten Import-Code zu erzeugen, der als Ausgangspunkt für die eigenen Skripte genutzt werden kann (was der Kopieren-Button), macht den Import-Dialog zu einem wertvollen Helfer und Lerninstrument.

Durch einen Klick auf »Import« wird der Code schließlich in die Konsole kopiert und ausgeführt, was neben dem Erzeugen eines neuen Objekts in der Environment dazu führt, dass eben dieses Objekt in einem Data Viewer Pane angezeigt wird. Der Grund hierfür ist der generierte Code, der einen entsprechenden `View()`-Befehl enthält. Das mag nicht immer nötig sein und führt dazu, den Import-Code etwas genauer anzuschauen und zwingt einen geradezu, mit dem Code zu interagieren. Denn letzten Endes geht es primär um eben diesen Code. Das Ziel besteht in einem reproduzierbaren Skript, das die notwendigen Importabläufe durch ein Abarbeiten der formulierten Befehle erzeugt. Ein händisches Klicken läuft dem zuwider und ist

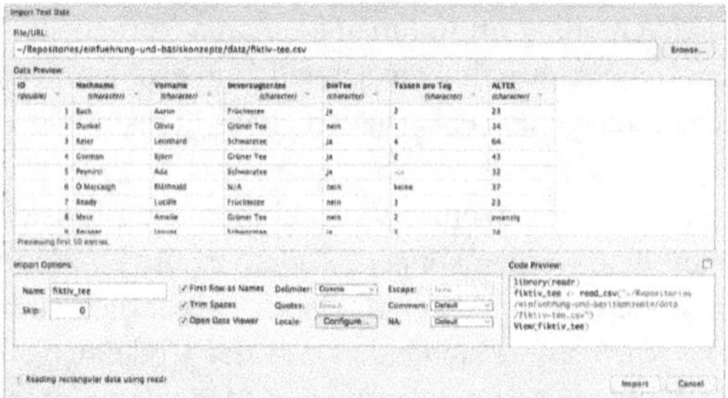

Abb. 13.1 Der R Studio Import-Dialog für »Text (readr)«

eher für den Erstkontakt hilfreich. Im Folgenden wird daher der Prozess des Ladens externer Daten in R mittels bestimmter Befehle genauer betrachtet.

13.2 Textdateien (CSV) importieren

Die Code-Werkzeuge zum Import von Textdateien sind im `readr`-Paket gebündelt. Sofern Tidyverse-Funktionen verwendet werden sollen, ist es daher zwingend erforderlich zunächst das entsprechende Paket zu laden. Ein Umstand, der sich in den folgenden Lernschritten häufig als erster Schritt wiederholen wird. Danach können die Funktionen des Pakets (siehe z. B. `?readr`) genutzt werden. Um die Beispieldatei `fiktiv-tee.csv` zu importieren wird auf `read_csv()` zurückgegriffen. Die Bezeichnung ähnelt dabei ganz bewusst der *Base R* Funktion `read.csv()`, die Teil der Basisinstallation ist. Viele Tidyverse-Funktionen greifen Basisfunktionen auf und »modernisieren« diese. Damit ist gemeint, dass die Funktionen ergänzt oder angepasst werden, in der Regel um deren Verwendung zu vereinfachen. Im alltäglichen Gebrauch sind Tidyverse-Werkzeuge einerseits damit leicht von Basiswerkzeugen zu unterscheiden, andererseits muss man gut aufpassen nicht durcheinander zu geraten. Wie das aktuelle Beispiel zeigt, ist es lediglich ein Zeichen, das einen markanten Unterschied definiert.

► **Das `tidyverse`-Paket**
Um das »moderne« Arbeiten mit den Tidyverse-Paketen zu erleichtern existiert ein `tidyverse`-Paket. Dabei handelt es sich um ein »Mantelpaket«, das nichts anderes bewirkt, als dass es die wichtigsten Tidyverse-Pakete gebündelt zur Verfügung stellt. Anstatt `readr`, `dplyr`, `ggplot2` usf. einzeln laden zu müssen, genügt die Angabe von `library(tidyverse)`. Was eine große Erleichterung im Rahmen kleineren Vorhaben darstellt, kann bei leistungshungrigen Anwendungen schnell zum Problem werden. Schließlich »kostet« jedes Laden eines Pakets auch etwas »Leistung«.

Dieser zeigt sich ganz konkret an einer Vielzahl möglicher Einstellungen, die über Argumente vorgenommen werden können. Zudem ist die Funktion `read_csv()` wesentlich kommunikativer und agiert damit wesentlich transparenter als `read.csv()`. Das wird sofort sichtbar, wenn der Code ausgeführt wird (siehe folgende Beispiel). Hierfür ist es notwendig den Pfad zur zu importierenden Datei auf der Festplatte als `file` Argument anzugeben. Sollen die Dateien nach dem Importieren in R bleiben, müssen Sie als Objekt in der Environment gesichert werden. Ein Name muss definiert werden, was sich mithilfe des *Assignment Operators* realisieren lässt:

```
library(readr)

df_tee <- read_csv(file = "data/fiktiv-tee.csv")
```

```
Rows: 10 Columns: 7
-- Column specification --------------------------------------------------
Delimiter: ","
chr (6): Nachname, Vorname, bevorzugter.tee, bioTee, Tassen pro Tag, ALTER
dbl (1): ID

i Use `spec()` to retrieve the full column specification for this data.
i Specify the column types or set `show_col_types = FALSE` to quiet this
↪  message.
```

Durch diesen Code wird das Objekt `df_tee` erzeugt, das der CSV-Datei `fiktiv-tee.csv` entspricht. Der Import-Prozess erfolgt dabei nicht im Verborgenen, sondern wird über eine Mitteilung in der Konsole expliziert. Dieser ermöglicht eine sofortige Kontrolle, ob alles mit rechten Dingen zugegangen ist. In diesem Fall ist es das. Es wurden 10 Zeilen und 7 Spalten importiert, die als Ergebnis einer Trennung der einzelnen Werte durch Kommas (»Delimiter: ›,‹«) automatisch erkannt wurden. Das Objekt `df_tee` lässt sich mit den bekannten Mitteln untersuchen und als Ausgangspunkt weiterer Analysen verwenden. Wie erwartet handelt es sich um ein Tibble (Data frame), auf dessen Inhalte sich wie gewohnt zugreifen lässt.

```
df_tee
```

```
# A tibble: 10 x 7
      ID Nachname   Vorname   bevorzugter.tee bioTee `Tassen pro Tag` ALTER
   <dbl> <chr>      <chr>     <chr>           <chr>  <chr>            <chr>
 1     1 Bach       Aaron     Früchtetee      ja     2                23
 2     2 Dunkel     Olivia    Grüner Tee      nein   1                34
 3     3 Reier      Leonhard  Schwarztee      ja     4                64
 4     4 Gorman     Björn     Grüner Tee      ja     2                43
 5     5 Peynirci   Ada       Schwarztee      ja     <NA>             32
 6     6 Ó Marcaigh Bláthnaid N/A             nein   keine            37
 7     7 Ready      Lucille   Früchtetee      nein   3                23
 8     8 Metz       Amelie    Grüner Tee      nein   2                zwan~
 9     9 Bouvier    Jaques    Schwarztee      ja     3                24
10    10 Terzi      Şener     <NA>            nein   keine            25
```

```
is.data.frame(df_tee)
```

```
[1] TRUE
```

```
  df_tee[1:3, 2:3]
```

```
# A tibble: 3 x 2
  Nachname Vorname
  <chr>    <chr>
1 Bach     Aaron
2 Dunkel   Olivia
3 Reier    Leonhard
```

```
  spaltennamen <- colnames(df_tee)
  spaltennamen
```

```
[1] "ID"                "Nachname"          "Vorname"           "bevorzugter.tee"
[5] "bioTee"            "Tassen pro Tag"    "ALTER"
```

Bevor allerdings umfassende Arbeiten begonnen werden, ist sinnvoll, sich die Meldung über den erfolgten Import noch einmal genauer anzusehen. Dort ist nämlich zu lesen, dass für sechs Spalten der Typ character festgelegt wurde und eine, nämlich ID, als double typisiert worden ist. Genau hier scheint ein neuralgischer Punkt des Datenimports auf, der die Bedeutung der Basiskonzepte unterstreicht (insbesondere Kap. 6). Um externe Daten in R einzulesen, müssen diese, wie bereits erwähnt, in die in R verfügbaren Strukturen übersetzt werden.

Wenn die CSV-Datei als Data frame erzeugt werden soll, bedeutet das, der *Datentyp* jeder einzelnen Spalte ist festzulegen. Auf diese Notwendigkeit und die automatische Umsetzung weist die Meldung hin. Da in der Datei selbst keine expliziten Informationen über den R-Datentyp enthalten sind, legt `read_csv()` anhand der einzelnen Werte einer Spalte ihren Typ fest. Dieser Vorgang ist alles andere als stabil. So genügt schon ein nicht-numerischer Wert, um die gesamte Spalte zu einer Textspalte zu machen, mit der man folglich nicht rechnen kann. Exemplarisch hierfür ist die Spalte »ALTER«.

Es ist daher von größter Bedeutung, Verlässlichkeit beim Import von externen Daten herzustellen und die erzeugten Datentypen im Zweifel über die tatsächlichen Dateiinhalte zu stellen. Das gelingt, indem die Zuweisung nicht dem Zufall überlassen wird, sondern über das Argument `col_types` jeder Spalte ein bestimmter Datentyp zugewiesen wird – ganz so, wie es die Meldung empfiehlt. Im weiteren Verlauf des Lernschritts werden über diese Explikation hinaus zwei weitere

Maßnahmen thematisiert, die dazu Beitragen den Datenimport möglichst robust zu gestalten. Da die gesamte weitere Analyse auf den importierten Daten aufbaut, handelt es sich hierbei um einen Schritt, der nicht unterschätzt oder leichthin übergangen werden sollte (auch wenn er zunächst etwas mehr Schreibarbeit erfordert).

13.3 Verlässlichkeit beim Import herstellen

Um den Vorgang des Festlegens der Spalten-Datentypen zu vereinfachen, liefert das `readr`-Paket die hilfreiche Funktion `spec()`. Mit dieser lassen sich die vermuteten Datentypen jeder Spalte auslesen, und zwar so, dass der Code direkt genutzt werden kann.

```
df_tee |> spec()
```

```
cols(
  ID = col_double(),
  Nachname = col_character(),
  Vorname = col_character(),
  bevorzugter.tee = col_character(),
  bioTee = col_character(),
  `Tassen pro Tag` = col_character(),
  ALTER = col_character()
)
```

Das Ergebnis liegt in einem Format vor, das direkt als Argument an `read_csv (col_types = )` übergeben werden kann. Per Copy-and-Paste lässt sich der Code aus der Konsole in das eigene Skript kopieren und dort den eigenen Bedürfnissen anpassen. Sobald die Spaltentypen explizit festgelegt sind, verschwindet nicht nur die zuvor diskutierte Meldung, unabhängig von den Quelldaten werden ab sofort stets die festgelegten Datentypen realisiert. Im Zweifelsfall bedeutet das, das fehlende Werte erzeugt werden und es wird eine Warnmeldung (»One or more parsing issues …«) ausgegeben:

```
df_tee <-                                                    ①
    read_csv(                                                ②
        file = "data/fiktiv-tee.csv",                        ③
        col_types = cols(                                    ④
            ID = col_double(),
            Nachname = col_character(),
            Vorname = col_character(),
            bevorzugter.tee = col_character(),
            bioTee = col_character(),
            `Tassen pro Tag` = col_character(),
            # ALTER wird auf double festgelegt:
            ALTER = col_double()                             ⑤
        )
    )
```

① Es soll ein neues Objekt (Tibble/Data frame) namens `df_tee` erzeugt werden.
② Hierzu wird auf die Funktion `read_csv` des Tidyverse-Pakets `readr` zurückgegriffen.
③ Diese Funktion erfordert zwingend die Angabe des Pfads zur Quelldatei auf der Festplatte über das Argument `file`.
④ Um den Import verlässlich zu gestalten wird das Argument `col_types` genutzt, das den einzelnen Spalten der Quelldatei verbindliche R-Datentypen zuweist.
⑤ Diese sind so zu formulieren, dass die importierten Daten den Erwartungen (des Skripts) entsprechen. Die Angabe des Dateityps ist verbindlich und wendet die in Lernschritt 6 (Kap. 6) erläuterten Konvertierungsregeln an. In diesem Fall werden Textinformationen zu fehlenden Werten konvertiert, da sie nicht sinnvoll in numerische Werte übersetzt werden können und es wird eine informierende Warnmeldung ausgegeben.

```
df_tee[c(1, 6, 10), c("ID", "Nachname", "Vorname", "bevorzugter.tee",
↪ "ALTER")]
```

```
# A tibble: 3 x 5
     ID Nachname    Vorname    bevorzugter.tee ALTER
  <dbl> <chr>       <chr>      <chr>           <dbl>
1     1 Bach        Aaron      Früchtetee         23
2     6 Ó Marcaigh  Bláthnaid  N/A                37
3    10 Terzi       Şener      <NA>               25
```

`vignette("column-types", package = "readr")` liefert eine detaillierte Übersicht welche weiteren Möglichkeiten existieren, Spalten beim Import einen bestimmten Datentyp zuzuweisen. Anstatt dem weiter nachzugehen, soll das Augenmerk auf ein weiteres Importproblem gelenkt werden, das häufig auftritt und es zu beheben gilt: die korrekte Erkennung fehlender Werte. In der Spalte `bevorzugter.tee` findet sich die Angabe »N/A«, die eindeutig einen fehlenden Wert darstellt, als solcher bisher aber nicht erkannt wurde. Das hängt damit zusammen, dass `read_csv()` ausschließlich die Zeichenfolge NA oder einen gänzlich leeren Wert als (Sub-)Datentyp fehlender Wert erkennt. Um dieses Verhalten zu ändern und auf die Erfordernisse der Quelldaten zu reagieren, muss das Argument `na` angepasst werden. Dieses erwartet einen Textvektor, der alle Zeichenfolgen, die fehlende Werte darstellen beinhaltet. Eine entsprechende Ergänzung führt zum erwünschten Ergebnis:

```
df_tee <-
    read_csv(
        file = "data/fiktiv-tee.csv",
        col_types = cols(
            ALTER = col_double()
        ),
        na = c("", "NA", "N/A")
    )

Warning: One or more parsing issues, call `problems()` on your data frame for
details, e.g.:
  dat <- vroom(...)
  problems(dat)

df_tee[c(1, 6, 10), c("ID", "Nachname", "Vorname", "bevorzugter.tee",
↪  "ALTER")]

# A tibble: 3 x 5
     ID Nachname    Vorname    bevorzugter.tee ALTER
  <dbl> <chr>       <chr>      <chr>           <dbl>
1     1 Bach        Aaron      Früchtetee         23
2     6 Ó Marcaigh Bláthnaid <NA>               37
3    10 Terzi       Şener      <NA>               25
```

Oftmals erweist sich auch die Benennung der Spalten als problembeladenes Feld, so auch hier. `Tassen pro Tag` läuft den Vorgaben von R zuwider, die keine Leerzeichen erlauben und kann daher nur unter Verwendung von " genutzt werden. Das ist vor allem im weiteren Analysegebrauch hinderlich, wenn hauptsächlich mit den Spaltennamen gearbeitet wird. Besser ist es, R-konforme Namen zu verwenden. Eine vergleichsweise einfache Lösung besteht darin, `read_csv()` mithilfe des Arguments `name_repair` den Auftrag zu geben, zumindest die markantesten Probleme rund um die Namen der Spalten zu lösen.

```
df_tee <-
  read_csv(
      file = "data/fiktiv-tee.csv",
      col_types = cols(
        ALTER = col_double()
      ),
      na = c("", "NA", "N/A"),
      name_repair = "universal"
  )
```

```
New names:
* `Tassen pro Tag` -> `Tassen.pro.Tag`
```

```
Warning: One or more parsing issues, call `problems()` on your data frame for
details, e.g.:
  dat <- vroom(...)
  problems(dat)
```

```
df_tee |> colnames()
```

```
[1] "ID"              "Nachname"         "Vorname"          "bevorzugter.tee"
[5] "bioTee"          "Tassen.pro.Tag"   "ALTER"
```

Die gröbsten Probleme sind damit behoben und die Arbeit mit den Daten kann begonnen werden. Aus der schrittweisen Zusammenstellung des Import-Codes lässt sich ein grundlegendes Vorgehen ableiten, das sich generell auf das alltägliche Arbeiten mit R übertragen lässt. Häufig wird einmal geschriebener Code im Nachhinein angepasst und verfeinert. Das Erstellen eines R Skripts sollte man daher eher als zyklischen und dynamischen Prozess auffassen und weniger als linearen. Zwar ist es erstrebenswert, dass am (vorläufigen) Ende eines Vorhabens ein reproduzierbares und möglichst elegantes Dokument steht, der Weg dahin ist allerdings eher durch eine Vielzahl revidierender Irritation und spielerischer Experimente geprägt.

Bevor dieser Prozess anhand der Transformation der importierten Daten exemplarisch skizziert wird, geben die nächsten beiden Abschnitte einen knappen Überblick über alternative Formen des Datenimports sowie die Möglichkeiten des Speicherns von bearbeiteten Daten.

13.4 Proprietäre Dateiformate importieren

Neben reinen Textdateien spielen im sozialwissenschaftlichen Analysealltag vor allem Datenbestände, die in proprietären Formaten vorliegen eine große Rolle.

Das sind geschützte Dateien, die nur durch spezielle (meist kommerzielle) Software gespeichert und gelesen werden können, beispielsweise SPSS, SAS oder Stata Dateien. Diese lassen sich nicht mit dem `readr`-Paket in R importieren. Stattdessen muss auf das `haven`-Paket zurückgegriffen werden. Der grundlegende Ablauf des Importprozesses unterscheidet sich dabei kaum. Es kann sogar auf einen entsprechenden Import-Dialog zurückgegriffen werden, der ähnlich dem zuvor vorgestellten aufgebaut ist. Je nach Quellformat liefert das `haven`-Paket darüber hinaus spezielle Funktionen, die den Umgang mit den jeweiligen Besonderheiten erleichtern. Vor allem der Umgang mit Labels wird deutlich vereinfacht (siehe `vignette("semantics", package = "haven")`).

Über die Formate der kommerziellen statistischen Programme hinaus kann R auch Excel-Dateien laden. Erneut wird ein spezielles Paket dafür benötigt, das `readxl`, was damit zusammenhängt, das Excel-Daten noch einmal eine andere Herausforderung darstellt. Stets geht es darum, aus den Quellformaten R Objekte zu erzeugen. Bei einer Excel-Datei, die mehrere Tabellen aufweist, ist der dafür notwendige Vorgang und damit Code ein ganz anderer als er es im Fall von CSV- oder SPSS-Dateien ist. Dank einem auch hier verfügbaren Excel-Import-Dialog sollte der Erstkontakt allerdings ähnlich zugänglich ausfallen.

Anders sieht es beim Import von Datenbeständen aus, die in Datenbanken gespeichert sind aus. R kann zwar direkte Verbindungen aufbauen, was z. B. durch das Paket `DBI` vergleichsweise einfach möglich ist, so etwas wie ein Import-Dialog existiert in diesem Fall aber nicht. Stattdessen läuft es darauf hinaus, dass man direkt mit der Datenbank kommuniziert, was fortgeschrittene Kenntnisse erfordert. Eine gute Einführung in die Analyse von in Datenbanken gespeicherten Daten findet sich bei (Wickham/Çetinkaya-Rundel/Grolemund 2023, Kap. 21).

Selbiges gilt für den Ansatz Daten ganz allgemein aus dem Internet laden und für die Analyse zu nutzen. Sei es über eine API oder in Form von *Web scraping,* Wickham/Çetinkaya-Rundel/Grolemund (2023) bietet hierfür einen guten ersten Einblick und verweist zudem auf die relevanten Pakete, mit denen sich diese Importverfahren realisieren lassen.

In allen denkbaren Fällen stehen am Ende des Importierens R Objekte, die den Grundstein für die weitere Analyse bilden. Bevor die Möglichkeiten der Arbeit mit diesen Datenobjekten in den Fokus rücken, soll es zunächst um den umgekehrten Prozess gehen. Wie gelingt es, dass R Objekte in andere Formate zurückübersetzt werden?

13.5 Daten exportieren

Die für den Datenexport notwendigen Werkzeuge sind eng mit jenen zum Import verknüpft. Beispielsweise beinhaltet das `readr` ebenso wie das `haven` Paket Funktionen, die das Speichern von Objekten in den jeweiligen Formaten erlauben.

```
library(readr)

df_meine_daten <-
    data.frame(
        id = 1:3,
        gender = c("Divers", "Männlich", "Weiblich"),
        score = c(10.22, 9.87, 10)
    )

write_csv(
    df_meine_daten,
    "meine-daten-in-textform.csv"
)
```

Neben einer Vielzahl an möglichen Einstellungen umfassen die Mindestangaben stets die Quelle und das Ziel. Welches R Objekt soll in welcher Datei abgespeichert werden. Vor allem die Angabe eines Zielpfads kann mitunter etwas problematisch sein, da stets vom Arbeitsverzeichnis aus operiert wird. Spätestens hier wird der Vorzug von RStudio Projekten deutlich (vgl. Kap. 3). Auch die Notwendigkeit der expliziten Angabe der Dateiendung mag zunächst ungewohnt sein. Diese ist aber zwingend erforderlich, da ansonsten eine (scheinbar) formatfreie Datei erzeugt wird. Die Angabe von »meine-daten« ohne die Endung ».csv« im vorherigen Beispiel führt demnach zwar zu einer CSV-Datei, allerdings wird diese vom Betriebssystem nicht als solche erkannt, da die korrekte Dateiendung fehlt. Diese Einsicht lässt sich auf alle Exportprozesse in R ausweiten. Egal ob SPSS-Dateien oder Grafiken, stets ist bei der Angabe des Speicherorts der vollständige Pfad und Name inklusive Dateiendung anzugeben. Der Bezeichnung der exportieren Daten obliegen dabei lediglich die Limitationen des Betriebssystems. Der Name muss mit dem R Objekt nichts zwingend zu tun haben, wobei das in den meisten Fällen aus inhaltlichen Gründen sinnvoll sein dürfte.

▶ **Excel-Dateien speichern**
Das `readxl`-Paket stellt keine Funktionen zum Speichern von Excel-Dateien bereit. Um diese zu erzeugen, muss auf ein anderes Paket zurückgegriffen werden: `openxlsx`.

Das erfolgreiche Einlesen von Daten in R markiert stets den ersten Schritt eines Analysevorhabens. Sind alle relevanten Objekte in R erzeugt, beginnt die eigentliche Arbeit mit den Daten. Diese reicht von einem Verständnis der Inhalte durch erste Annäherungen bis hin zu komplexen Modellierungen und Visualisierungen. Die grundlegende Technik für all diese Operationen ist die Transformation der Objekte in eine Form, die der jeweiligen Absicht entspricht. Ein Unterfangen, dem sich der nächste Lernschritt widmet.

Daten transformieren 14

In diesem Lernschritt steht die Arbeit mit den Daten im Mittelpunkt. Damit sind alle Operationen rund um das Transformieren von Datenobjekten (Data frames) gemeint. Diese reichen vom Auswählen und Rekodieren über das Sortieren bis hin zum Aggregieren. Im Kontext des Tidyverse werden für diese Vorhaben vornehmlich Funktionen des `dplyr`-Pakets verwendet. Die dort zusammengestellte *Grammar of Data* greift die in Lernschritt 8 (Kap. 8) vorgestellte grundsätzliche Möglichkeit auf, Datenspalten über deren Namen anzusprechen, baut diese maber massiv aus und formuliert ein eigenes Set an »Vokabeln«. In Kombination mit der Pipe (Kap. 10) lassen sich dadurch sehr zugängliche »Transformationsanleitungen« formulieren, wie im Weiteren zu sehen sein wird.

▶ **Base R und dplyr**
Einen ausführlichen Vergleich der R Bordmittel (»Base R«) mit den Tidyverse Ansätzen, die dplyr realisiert, liefert folgende Vignette: `vignette ("base", package="dplyr")`.

Da zur Arbeit mit Daten ebensolche benötigt werden, wird direkt an den Datenimport des vorhergehenden Lernschritts angeknüpft, auch wenn der Code nicht ständig wiederholt wird. Die Grundlage aller Operationen bildet der fiktive Beispieldatensatz zu den Präferenzen des Teekonsums, der Teil der in diesem Kapitel genutzten R Environment ist.

F. Mundt und K. Horvath, *R Essentials*, Quantitative Sozialforschung,
https://doi.org/10.1007/978-3-658-48794-2_14

14.1 Spalten umbenennen und auswählen

Da die Namen der Spalten für alle weiteren Operationen von großer Bedeutung sind, ist eine der ersten Veränderungen nach dem Importieren eben diese Bezeichnungen zu normieren. Auch der Tee-Datensatz weist ein breites Spektrum unterschiedlicher und teils ziemlich komplizierter Namen auf – zumindest aus Sicht von R. Mittels der `rename()`-Funktion lässt sich das schnell und einfach korrigieren. Da es sich um eine Funktion des `dplyr`-Pakets handelt, muss dieses zuerst geladen werden. Sodann kann mit der Umbenennung begonnen werden. Unter Zuhilfenahme des *Pipe Operators* kann eine Transformationsanleitung formuliert werden, die das bestehende Objekt `df_tee` im gewünschten Sinn verändert.

```
library(dplyr)

df_tee |>
    rename(
        id = ID,
        nachname = Nachname,
        vorname = Vorname,
        bevorzugter_tee = bevorzugter.tee,
        bio_tee = bioTee,
        tassen_pro_tag = Tassen.pro.Tag,
        alter = ALTER
    )
```

```
# A tibble: 10 x 7
      id nachname    vorname    bevorzugter_tee bio_tee tassen_pro_tag alter
   <dbl> <chr>       <chr>      <chr>           <chr>   <chr>          <dbl>
 1     1 Bach        Aaron      Früchtetee      ja      2                 23
 2     2 Dunkel      Olivia     Grüner Tee      nein    1                 34
 3     3 Reier       Leonhard   Schwarztee      ja      4                 64
 4     4 Gorman      Björn      Grüner Tee      ja      2                 43
 5     5 Peynirci    Ada        Schwarztee      ja      <NA>              32
 6     6 Ó Marcaigh  Bláthnaid  <NA>            nein    keine             37
 7     7 Ready       Lucille    Früchtetee      nein    3                 23
 8     8 Metz        Amelie     Grüner Tee      nein    2                 NA
 9     9 Bouvier     Jaques     Schwarztee      ja      3                 24
10    10 Terzi       Şener      <NA>            nein    keine             25
```

Der im Grunde bereits in Lernschritt 6 (Kap. 6) präsentierten Syntax zur (Um-) Benennung von Data frame Spalten folgend werden den alten, »wilden« Namen neue zugewiesen, die einem einheitlichen Schema folgen. Wie gehabt steht der neue Name dabei links von einem =, während rechts der alte zu finden ist. In RStudio lassen sich diese »alten« oder besser zum Zeitpunkt des Befehls aktuellen Namen mithilfe der Autovervollständigung eingeben. Nach der Ausführung des Codes sind die Spalten umbenannt und die Transformation der Daten kann fortgesetzt werden.

Hierfür gibt es mehrere Möglichkeiten, deren zielführende Umsetzung ein grundlegendes Verständnis der Pipe voraussetzen. Letztendlich leistet diese nichts anderes, als Funktionen zu verketten. Das heißt, nach jedem Pipe-Schritt wird ein neuer Zustand der verarbeiteten Daten hergestellt, der die Basis für den dann nächsten darstellt. Wird demnach an den Schritt der Umbenennung ein Auswahl-Schritt gehängt, bezieht sich dieser auf die neu benannten Spalten. Die ursprünglichen Spaltennamen existieren nicht mehr:

```
df_tee |>
    rename(
        id = ID,
        nachname = Nachname,
        vorname = Vorname,
        bevorzugter_tee = bevorzugter.tee,
        bio_tee = bioTee,
        tassen_pro_tag = Tassen.pro.Tag,
        alter = ALTER
    ) |>
    select(
        ID
    )
```

```
Error in `select()`:
! Can't select columns that don't exist.
x Column `ID` doesn't exist.
```

Darüber hinaus ist für die nachhaltige Transformation von Daten ein Wissen um Grundlagen von Objekten (Kap. 7) essenziell. Zwar führt die Umbenennung der Spalten zum gewünschten Ergebnis, das in der R Environment gespeicherte Objekt `df_tee` bleibt davon bisher allerdings unberührt. Um das zu ändern, muss auf den *Assignment Operator* zurückgegriffen werden, mit dem sich die Ergebnisse von Veränderungen dauerhaft speichern lassen.

```
df_tee |> colnames()
```

```
[1] "ID"               "Nachname"         "Vorname"          "bevorzugter.tee"
[5] "bioTee"           "Tassen.pro.Tag"   "ALTER"
```

```
df_tee <-
    df_tee |>
    rename(
        id = ID,
        nachname = Nachname,
        vorname = Vorname,
        bevorzugter_tee = bevorzugter.tee,
        bio_tee = bioTee,
        tassen_pro_tag = Tassen.pro.Tag,
        alter = ALTER
```

```
    )

colnames(df_tee)
```

```
[1] "id"              "nachname"         "vorname"          "bevorzugter_tee"
[5] "bio_tee"         "tassen_pro_tag"   "alter"
```

Ausgehend von dem aktualisierten und in gewisser Weise »bereinigten« Objekt kann die weitere Arbeit starten. Diese besteht oftmals darin, wenige Spalten aus einem mitunter riesigen Datensatz auszuwählen. Das gelingt mit der Funktion `select()`, die bereits kurz zum Einsatz kam.

```
df_tee |>
    select(
        id,
        alter,
        tassen_pro_tag
    )
```

```
# A tibble: 10 x 3
      id alter tassen_pro_tag
   <dbl> <dbl> <chr>
 1     1    23 2
 2     2    34 1
 3     3    64 4
 4     4    43 2
 5     5    32 <NA>
 6     6    37 keine
 7     7    23 3
 8     8    NA 2
 9     9    24 3
10    10    25 keine
```

Dabei verhält sich die Funktion auch über die Auswahl von Spalten intuitiv. Die Reihenfolge der Namen korrespondiert nämlich mit der Abfolge der Spalten im Data frame. In einem vergleichsweise schlichten Funktionsaufruf kann demnach die Struktur der Daten umfassend angepasst werden. Das lässt sich sogar noch weiter ausbauen, da im Zuge des Auswählens die Spalten umbenannt werden können.

```
df_tee |>
    select(
        id,
        name = nachname,
    )
```

```
# A tibble: 10 x 2
      id name
   <dbl> <chr>
 1     1 Bach
```

```
2      2 Dunkel
3      3 Reier
4      4 Gorman
5      5 Peynirci
6      6 Ó Marcaigh
7      7 Ready
8      8 Metz
9      9 Bouvier
10    10 Terzi
```

Es mag vorkommen, dass die Auswahl von Spalten über deren Namen sehr mühsam ist. Beispielsweise dann, wenn der Datensatz über eine sehr große Anzahl verfügt. In solchen Fällen ist es nützlich auf intelligente Hilfsfunktionen zurückzugreifen. Einen umfassenden Überblick über diese sogenannten *Tidy Selections* liefert die Hilfeseite `?dplyr_tidy_select`.

```
df_tee |>
    select(
      id,
      ends_with("tee")
    )
```

```
# A tibble: 10 x 3
      id bevorzugter_tee bio_tee
   <dbl> <chr>           <chr>
 1     1 Früchtetee      ja
 2     2 Grüner Tee      nein
 3     3 Schwarztee      ja
 4     4 Grüner Tee      ja
 5     5 Schwarztee      ja
 6     6 <NA>            nein
 7     7 Früchtetee      nein
 8     8 Grüner Tee      nein
 9     9 Schwarztee      ja
10    10 <NA>            nein
```

▶ **Weitere Auswahlmöglichkeiten**

Wie `?select` detailliert auflistet existieren noch einige weitere Auswahlmöglichkeiten. Einzelne Spalten lassen sich beispielsweise dadurch entfernen, dass dem Namen ein `!` vorangestellt wird und ganze Bereiche können durch eine Verknüpfung von Start- und Endspaltenname mittels `:` ausgewählt werden. Bei aller potenzieller Vielfalt ist neben der Effizienz dabei auch stets die Verständlichkeit des Codes zu bedenken. Ein zu knapp gehaltener Code kann gerade im langandauernden Arbeitsverlauf unnötige Hürden errichten.

14.2 Zeilen filtern und sortieren

Neben der Transformation von Daten »in der Breite« gilt es oftmals deren Länge einzugrenzen. Das lässt sich durch ein Filtern der Zeilen nach bestimmten Kriterien erreichen. Diese beziehen sich in der Regel auf konkrete Spalten, haben aber zugleich Auswirkungen auf den gesamten Datensatz. Beispielsweise lassen sich die Daten darauf beschränken, dass nur noch Fälle über 40 Jahre enthalten sind.

```
df_tee |>
    filter(alter > 40)
```

```
# A tibble: 2 x 7
     id nachname vorname  bevorzugter_tee bio_tee tassen_pro_tag alter
  <dbl> <chr>    <chr>    <chr>           <chr>   <chr>          <dbl>
1     3 Reier    Leonhard Schwarztee      ja      4                 64
2     4 Gorman   Björn    Grüner Tee      ja      2                 43
```

Der Komplexität von Filtrierungen sind dabei keinerlei Grenzen gesetzt. Man kann beliebig viele Kriterien kombinieren und so nach ganz bestimmten Zeilen/Fällen suchen. Die Kombination einzelner Kriterien zu einem umfassend verketteten Kriterium lässt sich auf verschiedenen Wegen erreichen. Einerseits können mehrere Filterfunktionen aneinandergehängt werden – wobei die Abfolge zu beachten ist – oder aber es wird eine zusammenhängende Filterbedingung mittels logischen Operatoren formuliert (`&` und/oder `|`, allgemein: `?Logic`, siehe Beispiel im Folgenden).

```
df_tee |>
    filter(alter > 30) |>
    filter(bio_tee == "ja")
```

```
# A tibble: 3 x 7
     id nachname vorname  bevorzugter_tee bio_tee tassen_pro_tag alter
  <dbl> <chr>    <chr>    <chr>           <chr>   <chr>          <dbl>
1     3 Reier    Leonhard Schwarztee      ja      4                 64
2     4 Gorman   Björn    Grüner Tee      ja      2                 43
3     5 Peynirci Ada      Schwarztee      ja      <NA>              32
```

Ob gefiltert oder nicht, manchmal geht es darum, die Reihenfolge der Zeilen so zu ändern. Soll das in Abhängigkeit bestimmter Spaltenwerte geschehen, kann auf die Funktion `arrange()` zurückgegriffen werden. In Kombination mit `desc()` lässt sich das gesamte Datenobjekt umsortieren:

```
df_tee |>
    filter(alter > 30) |>
    arrange(desc(alter))
```

```
# A tibble: 5 x 7
     id nachname   vorname   bevorzugter_tee bio_tee tassen_pro_tag alter
```

```
  <dbl> <chr>       <chr>      <chr>           <chr>   <chr>          <dbl>
1     3 Reier       Leonhard   Schwarztee      ja      4                 64
2     4 Gorman      Björn      Grüner Tee      ja      2                 43
3     6 Ó Marcaigh Bláthnaid  <NA>            nein    keine             37
4     2 Dunkel      Olivia     Grüner Tee      nein    1                 34
5     5 Peynirci    Ada        Schwarztee      ja      <NA>              32
```

Sowohl bei der Formulierung von Filter- als auch bei der von Sortierbedingungen wird zudem deutlich, wie wichtig der Datentyp einer Spalte ist. Vergleichsoperatoren liefern nur dann das gewünschte Ergebnis, wenn die ausgewählten Werte auch tatsächlich verglichen werden können. Wurde beim Import eine Spalte falsch erkannt und fehlerhaft eingelesen, kann diese zu unerwarteten Folgen im weiteren Analyseprozess führen. Bestes Beispiel ist die Spalte `tassen_pro_tag`, die auf den ersten Blick numerische Daten enthält. Die beiden Angaben »keine« führen allerdings dazu, dass sie tatsächlich als Textvektor vorliegt. Das hat problematische Auswirkungen auf einen Filtervorgang, der über die Anzahl der getrunkenen Tassen pro Tag operiert und ein falsches Resultat erzeugt.

```
df_tee |>
    filter(alter < 20 | tassen_pro_tag > 3)
```

```
# A tibble: 3 x 7
     id nachname    vorname    bevorzugter_tee bio_tee tassen_pro_tag alter
  <dbl> <chr>       <chr>      <chr>           <chr>   <chr>          <dbl>
1     3 Reier       Leonhard   Schwarztee      ja      4                 64
2     6 Ó Marcaigh Bláthnaid  <NA>            nein    keine             37
3    10 Terzi       Şener      <NA>            nein    keine             25
```

Dieses Problem lässt sich nur durch eine Änderung des Datentyps der Spalte beheben. Wie genau sich bestehende Spalten manipulieren lassen oder sogar neue hinzukommen können ist Gegenstand des nächsten Abschnitts.

14.3 Spalten verändern oder neue Spalten erzeugen

Eine Manipulation der bestehenden Datenstrukturen kann durch den Befehl `mutate()` erreicht werden. Die Syntax ähnelt jener der Auswahl oder Umbenennung von Spalten mit einem entscheidenden Unterschied. Auf die gesamten ausgewählten Spalten können Funktionen angewendet werden. Im Grunde wird damit an die in Lernschritt 6 (Kap. 6) dargestellten Grundlagen angeknüpft. Da jede Spalte strukturell nichts anderes als ein Vektor ist, lässt sich `mutate()` auch als Werkzeug verstehen, das es erlaubt, diesen Vektor unter Zuhilfenahme anderer Werkzeuge zu verändern. Was zunächst kompliziert und verworren klingen mag, klärt sich durch die Anwendung schnell auf. Beispielsweise durch die konkrete Veränderung des Datentyps der Spalte `tassen_pro_tag`.

```
df_tee |>
    mutate(
      tassen_pro_tag = as.numeric(tassen_pro_tag)
    )
```

```
Warning: There was 1 warning in `mutate()`.
i In argument: `tassen_pro_tag = as.numeric(tassen_pro_tag)`.
Caused by warning:
! NAs durch Umwandlung erzeugt
```

```
# A tibble: 10 x 7
      id nachname   vorname   bevorzugter_tee bio_tee tassen_pro_tag alter
   <dbl> <chr>      <chr>     <chr>           <chr>            <dbl> <dbl>
 1     1 Bach       Aaron     Früchtetee      ja                   2    23
 2     2 Dunkel     Olivia    Grüner Tee      nein                 1    34
 3     3 Reier      Leonhard  Schwarztee      ja                   4    64
 4     4 Gorman     Björn     Grüner Tee      ja                   2    43
 5     5 Peynirci   Ada       Schwarztee      ja                  NA    32
 6     6 Ó Marcaigh Bláthnaid <NA>            nein                NA    37
 7     7 Ready      Lucille   Früchtetee      nein                 3    23
 8     8 Metz       Amelie    Grüner Tee      nein                 2    NA
 9     9 Bouvier    Jaques    Schwarztee      ja                   3    24
10    10 Terzi      Şener     <NA>            nein                NA    25
```

Zunächst wird die zu verändernde Spalte über ihren Namen ausgewählt. Im nächsten Schritt wird dieser Auswahl ein neuer Inhalt zugewiesen. Strukturell handelt es sich dabei um einen Vektor, der genauso viele Werte aufweist, wie die alte Spalte. Das hängt damit zusammen, dass die neue Spalte ins Data frame passen muss, das der Definition nach eine Liste heterogener, aber gleichlanger Vektoren ist. Vor diesem Hintergrund entfaltet die `mutate()`-Funktion ihre enorme Flexibilität durch die Art und Weise wie genau sich neue Inhalte erstellen lassen. Diese können nämlich in Abhängigkeit des bestehenden Datensatzes erzeugt werden. Alle Spalten stehen beim Aufruf von Funktionen zur Verfügung und können über Angabe des jeweiligen Namens als Argument übergeben werden. So können einerseits bestehende Spalten aktualisiert werden, wie das Beispiel des veränderten Datentyps zeigt, andererseits lassen sich aber auch spielend einfach neue Spalten anlegen.

```
df_tee |>
    mutate(
        tassen_pro_tag_num = tassen_pro_tag,
        tassen_pro_tag_num = as.numeric(tassen_pro_tag_num),
        neue_spalte = 1:10,
        id = id - 1
```

```
    ) |>
    select(1, 7:9)

Warning: There was 1 warning in `mutate()`.
i In argument: `tassen_pro_tag_num = as.numeric(tassen_pro_tag_num)`.
Caused by warning:
! NAs durch Umwandlung erzeugt


# A tibble: 10 x 4
      id alter tassen_pro_tag_num neue_spalte
   <dbl> <dbl>              <dbl>       <int>
 1     0    23                  2           1
 2     1    34                  1           2
 3     2    64                  4           3
 4     3    43                  2           4
 5     4    32                 NA           5
 6     5    37                 NA           6
 7     6    23                  3           7
 8     7    NA                  2           8
 9     8    24                  3           9
10     9    25                 NA          10
```

Separiert durch ein Komma können mehrere Veränderungsangaben in einem `mutate()`-Befehl gebündelt werden. Dabei bleibt die Reihenfolge von entscheidender Bedeutung. Der Code wird auch in diesem Fall nacheinander ausgeführt, sodass man auf neu erstellte Spalten nur dann zugreifen kann, wenn diese zuvor erzeugt wurden. Gerade am Anfang kann es daher hilfreich sein, von der Bündelung multipler Veränderungsangaben abzusehen und mehrere `mutate()`-Aufrufe als Pipe zu formulieren. Das Ergebnis ist dasselbe.
Die Konsequenzen, die eine verdrehte Reihung haben kann, zeigt das folgende Beispiel. Das Ziel besteht darin, den Datensatz nach den Angaben zur Präferenz für Bio-Tee zu filtern. Hierfür soll der Befehl `filter(bio_tee)` genutzt werden. Das funktioniert allerdings nicht, da der Datentyp der Spalte `bio_tee` *character* ist. Erst wenn eine Spalte vom Typ *logical* existiert, lässt sich diese zum Filtern nutzen. Der Code erzeugt daher mithilfe der Funktion `if_else()` eine neue Spalte `bio_tee_lgl`, in Abhängigkeit von `bio_tee`. Der Versuch direkt `as.logical()` zu nutzen scheitert und führt zu vielen fehlenden Werten. Je nachdem welche Veränderung zuerst durchgeführt wird, führt das zu ganz unterschiedlichen Ergebnissen, von denen aber nur eines im Sinne der Intention korrekt ist. Da aus Sicht von R beide Transformationsanleitungen fehlerfrei sind, wird weder ein Fehler noch eine Warnmeldung angezeigt.

```
df_tee |>
    mutate(
        bio_tee = as.logical(bio_tee),                                    ①
        bio_tee_lgl = if_else(bio_tee == "ja", TRUE, FALSE)
    ) |>
    filter(bio_tee_lgl) |>                                                ②
    select(vorname, nachname, bio_tee, bio_tee_lgl)

df_tee |>
    mutate(
        bio_tee_lgl = if_else(bio_tee == "ja", TRUE, FALSE),              ③
        bio_tee = as.logical(bio_tee)
    ) |>
    filter(bio_tee_lgl) |>                                                ④
    select(vorname, nachname, bio_tee, bio_tee_lgl)
```

① Hier wird zuerst die Spalte `bio_tee` auf den Datentyp `logical` transformiert, um im nächsten Schritt eine neue Spalte `bio_tee_logical` zu erstellen. Diese soll ebenfalls einen logischen Datentyp aufweisen, wobei der Eintrag `Ja` in `bio_tee` hier in `TRUE` übersetzt werden soll (alle anderen Werte werden zu `FALSE`).

② Aufbauend auf diesen Transformationen soll das gesamte Data frame gefiltert und einzelne Spalten ausgewählt werden. Das Ergebnis ist allerdings ein leeres Data frame. Die Ursache dafür ist die falsch erzeugte Spalte `bio_tee_lgl`, die nicht die korrekten logischen Werte aufweist.

③ Das Problem lässt sich beheben, wenn man die Reihenfolge ändert, bzw. die Transformation `as.logical()` gar nicht erst verwendet. Aus didaktischen Anschaulichkeitsgründen wurde sie hier beibehalten.

④ Die Anwendung des Filters und der Spaltenauswahl offenbart nämlich die problematische Konvertierung des Datentyps (vgl. Kap. 6) und macht deutlich, weshalb der erste Code oder auch die ausschließliche Nutzung von `as.logical()` in diesem Fall nicht zielführend ist.

```
# A tibble: 0 x 4
# i 4 variables: vorname <chr>, nachname <chr>, bio_tee <lgl>,
#   bio_tee_lgl <lgl>
# A tibble: 5 x 4
  vorname  nachname bio_tee bio_tee_lgl
  <chr>    <chr>    <lgl>   <lgl>
1 Aaron    Bach     NA      TRUE
2 Leonhard Reier    NA      TRUE
```

```
3 Björn    Gorman   NA    TRUE
4 Ada      Peynirci NA    TRUE
5 Jaques   Bouvier  NA    TRUE
```

▶ **Mehrere Spalten zusammenfassen oder verändern**
Mithilfe der Funktion `across()` ist es möglich, Funktionen auf mehrere Spalten simultan anzuwenden. Das umfasst sowohl das Verändern mittels `mutate()` als auch das Zusammenfassen mittels `summarise()`. Zur Auswahl der Spalten kann zudem auf *Tidy Selections* zurückgegriffen werden (`?across`).

14.4 Zeilen zusammenfassen

Jenseits der Veränderung oder Erzeugung von Spalten geht es nun darum, diese zu aggregieren. Der markanteste Unterschied zum Bisherigen ist dabei, dass das bearbeitete Data frame grundlegend transformiert wird. Zwar ist das Ergebnis weiterhin ein Data frame, dessen Dimensionen haben aber nichts mehr mit der ursprünglichen Zeilen- und Spaltenstruktur zu tun. Diese wird komplett aufgelöst. Durchgeführt wird diese verdichtende Transformation durch die Funktion `summarise()`, die äquivalent zu `mutate()` mehrere, durch Kommas getrennte Argumente verarbeiten kann.

```
df_tee |>
    summarise(
        alter_mean = mean(alter, na.rm = TRUE),
    )
```

```
# A tibble: 1 x 1
  alter_mean
       <dbl>
1       33.9
```

Auch die Syntax – und damit die Stolpersteine – ähnelt sich weitgehend. Es werden Spaltennamen definiert, denen Funktionen zugewiesen werden, die wiederum auf alle Spalten des Datensatzes Zugriff haben. Der bereits angeführte entscheidende Unterschied zeigt sich im Ergebnis. Das besteht aus einem neuen Data frame (eine Zeile, eine Spalte), das in diesem Fall den Mittelwert der Spalte `alter` beinhaltet. Die Funktion `mean()` wurde also auf die gesamte Spalte als Vektor angewendet und nicht auf jeden einzelnen Wert. Das aus dieser Anwendung erhaltene Ergebnis bildet die Grundlage für das aggregierte Data frame. Diesem Schema folgend lassen sich problemlos mehrere Spalten auf unterschiedliche Art und Weise zusammenfassen.

```
df_tee |>
  mutate(
        tassen_pro_tag = as.numeric(tassen_pro_tag)
    ) |>
    summarise(
        n = length(vorname),
        tassen_pro_tag_mean = mean(tassen_pro_tag, na.rm = TRUE),
        tassen_pro_tag_sd = sd(tassen_pro_tag, na.rm = TRUE),
        alter_mean = mean(alter, na.rm = TRUE),
        alter_sd = sd(alter, na.rm = TRUE)
    )
```

```
Warning: There was 1 warning in `mutate()`.
i In argument: `tassen_pro_tag = as.numeric(tassen_pro_tag)`.
Caused by warning:
! NAs durch Umwandlung erzeugt
```

```
# A tibble: 1 x 5
      n tassen_pro_tag_mean tassen_pro_tag_sd alter_mean alter_sd
  <int>               <dbl>             <dbl>      <dbl>    <dbl>
1    10                2.43             0.976       33.9     13.3
```

- **Gruppen bilden**
  Mithilfe der Funktion `group_by()` kann ein Datensatz anhand einer Spalte in Gruppen eingeteilt werden, die fortan zu gruppenspezifischen Ergebnissen führen. So lassen sich z. B. Mittelwerte von Gruppen in einem Datensatz vergleichen. Eine ausführliche Darstellung liefert die Vignette zu *Grouped data* (`vignette("grouping", package="dplyr")`).

Die Transformation von Daten geht häufig Hand in Hand mit deren Visualisierung. Damit rückt eine der großen Stärken von R in den Mittelpunkt. Wie der nächste Lernschritt zeigen wird, lassen sich die ausgefeilten Möglichkeiten der Datenvisualisierung aber nur dann voll ausspielen, wenn die *Grammar of Data* sicher beherrscht wird.

15 Daten visualisieren

Daten in ansprechende Grafiken zu übersetzen stellt eine der zentralen Herausforderungen und Aufgaben einer modernen Datenanalyse dar. R liefert hierzu eine Vielzahl an exzellenten Werkzeugen, mit denen sich nahezu jedes Vorhaben realisieren lässt. In diesem Lernschritt werden die Grundzüge der Datenvisualisierung im Rahmen des Tidyverse umrissen. Das bedeutet, es kommt das `ggplot2`-Paket zum Einsatz. Auch wenn es sich dabei vermutlich um die populärste Variante handelt, wie mit R Plots erstellt werden können, sollen alternative Möglichkeiten nicht abgewertet werden.

Es ist problemlos möglich komplexe und ästhetisch ansprechende Grafiken mit dem Standard-Plotsystem von »Base R« zu produzieren. Implizit ist damit auf eine Eigenheit von R hingewiesen, die schon mehrfach Thema war und auch bei der Art und Weise wie Grafiken hergestellt werden anzutreffen ist: Es existiert in R nicht der eine richtige Weg, sondern es herrscht eine Pluralität differenter Ansätze, Paradigmen und Werkzeuge vor, die mal mehr, mal weniger miteinander kompatibel sind. Das macht es gerade zu Beginn sicherlich nicht einfacher, sich zurechtzufinden, langfristig erweist sich R aber gerade durch diese Vielfalt als hochflexible Arbeitsumgebung.

Im Fall der Visualisierungssysteme herrscht das Entweder-oder vor. Entweder man produziert Plots mit »Base R« und dem `graphics`-Paket *oder* mit dem Tidyverse und dem `ggplot2`-Paket. Zusammenführen lässt sich hier nichts. Die eingangs angeführte Entscheidung ist also folgenschwer. Sie führt dazu, dass in diesen Lernschritt und in der gesamten Einführung Visualisierungen jeglicher Art mit ggplot2-Grafiken gleichzusetzen sind.

Daraus erwächst die Notwendigkeit sich genauer mit den Spezifika solcher Plots auseinanderzusetzen. Wenn im vorhergehenden Lernschritt von einer *Grammar of*

F. Mundt und K. Horvath, *R Essentials*, Quantitative Sozialforschung,
https://doi.org/10.1007/978-3-658-48794-2_15

Data die Rede war, so ist es aus konzeptionellen Gründen noch wesentlich treffender im Kontext von ggplot2 von einer *Grammar of Graphics* zu sprechen. Schließlich basiert das gesamte `ggplot2`-Paket auf der gleichnamigen Theorie, die Leland Wilkinson (2005) entwickelt hat. Bevor mit Formulierung von »Visualisierungsanleitungen« gestartet werden kann, gilt es daher sich den Grundkonzepten dieser Grammatik zuzuwenden.

15.1 Die *Grammar of Graphics* und ggplot2

Die Grundüberzeugung der *Grammar of Graphics* bricht mit der intuitiven Idee, dass es sich bei Grafiken um je spezielle Visualisierungsformen handelt. Diese Vorstellung ist weit verbreitet und findet sich bei »Base« R ebenso wie in kommerziellen Statistikprogrammen. Sie zeigt sich daran, dass man eine bestimmte Grafik auswählt, die erzeugt werden soll. Anstatt Punkt-, Balken- oder Histogramme zu als je spezielle Anwendungsfälle zu betrachten, richtet die *Grammar of Graphics* den Blick auf die gemeinsamen Grundbausteine aller Grafiken. So lassen sich die essenziellen Basics herausarbeiten, mit denen beliebig und flexibel jegliche Visualisierungsform erzeugt werden kann. Das Visualisieren von Daten gleicht dann eher der Formulierung einer Anleitung, wie die Grundbausteine zusammengefügt werden müssen, damit das gewünschte Ergebnis entsteht.

Um ggplot2 zu verstehen, ist es entscheidend, diese zunächst ggf. befremdliche Abstraktion nachzuvollziehen. Hierzu hilft es, sich die drei wichtigsten Grundbausteine und ihren (R spezifischen) Zusammenhang anzusehen:

1. **Data:** Jede ggplot2-Grafik basiert auf einem bestimmten Datenobjekt. Die Struktur dieses Datenobjekts ist für die Visualisierung allerdings folgenreicher als es zunächst den Anschein hat. So ist beispielsweise der Datentyp maßgeblich, ob Punkte an bestimmten Koordinaten gezeichnet werden können und die Reihenfolge der Säulen eines Säulendiagramms ist an die Reihenfolge der Kategorien im Data frame gebunden. Oftmals macht die gewünschte Visualisierung eine umfassende Transformation der Daten erforderlich, weshalb beim alltäglichen Arbeiten mit Daten deren Verbildlichung und Transformation Hand in Hand gehen.
2. **Mappings:** Erst wenn jedoch klar ist, welche Spalten der aufbereiteten Daten auf welche Elemente der Grafik abgebildet werden sollen, lassen sich grafische Strukturen realisieren. Dieses *Mapping* ist nichts anderes als die Herstellung einer dynamischen Zuordnung, die alle datenbasierten Elemente einer Grafik mit den korrespondierenden Datenspalten verknüpft. Am naheliegendsten dürfte die

Abbildung von Werten auf die x- und y-Achse sein. Darunter fallen aber auch Beschriftungen oder dynamische, d. h., von den Daten abhängige, Einfärbungen usf. Im ggplot2-Kosmos werden diese Abbildungen daher *Aesthetics* genannt.

3. **Geometries (Ebenen):** Eine bloße Abbildung schafft noch keine Grafik. Nötig ist als letzter essenzieller Grundbaustein die Angabe wie genau die Daten dargestellt werden sollen. Das geschieht über sogenannte *Geometries,* die in vielfältiger Ausprägung vorhanden sind. Neben Punkten und Linien fallen zum Beispiel Boxplots, Polygone und Territorialumrisse darunter. Eine wichtige Eigenheit von ggplot2 ist, dass sich beliebig viele *Geometries* kombinieren lassen. Dabei greift ein Ebenenmodell, wie man es evtl. von der Bildbearbeitung kennt. Frühe *Geometries,* d. h. zuerst ausgeführte, werden durch darauf folgende überdeckt. Dadurch ist der kreativen Anwendung nahezu keine Grenze gesetzt. Von einfachen Plots, über hochkomplexe professionelle Visualisierungen bis hin zu künstlerischen Ausdrucksformen ist alles denkbar.

Bei den drei Grundbausteinen *Data, Mapping* und *Geometries* handelt es sich um die wichtigsten, weil ohne deren explizite Angabe gar keine Visualisierung mittels ggplot2 möglich ist. Zwar existieren noch einige weitere, diese werden von ggplot2 aber automatisch mit *sensible defaults* versehen, gewissermaßen »intelligente« Standardeinstellungen. Man muss sich um diese also nur kümmern, wenn man mit den Standardeinstellungen unzufrieden ist. Eine umfassende Darstellung liefert die Hilfeseite `?ggplot2`. Weiterführende Hintergrundinformationen, in deren Kontext auch die konzeptionelle Seite intensiv beleuchtet wird, finden sich z. B. bei Wickham et al. (2024).

15.2 Einfache Visualisierungen formulieren

Nach all der Theorie soll nun die erste Grafik erzeugt werden. Der Code hierfür lässt sich unschwer als direkte Anwendung, der zunächst abstrakt vorgestellten Konzepte lesen. Nach dem Laden des Pakets `ggplot2` soll ein neuer Plot mittels der Funktion `ggplot()` generiert werden. Als Argumente werden jetzt die ersten beiden Grundbausteine festgelegt. Es geht demnach darum, dass die `df_tee`-Daten *(Data)* visualisiert werden. Diese befinden sich weiterhin in der R Environment und stehen in ihrer transformierten Version (geänderte Spaltennamen) vom Ende des vorhergehenden Lernschritts zur Verfügung. Aus den `df_tee`-Daten werden mithilfe der `aes()`-Funktion die Spalten `alter` und `tassen_pro_tag` auf die x- und y-Achse abgebildet *(Mapping).* Fehlt noch die Information, wie genau die Abbildung realisiert werden soll.

Die Angabe der *Geometries* folgt dabei einer etwas anderen, aber durchaus bekannten Logik. Da sich mehrere *Geometries* kombinieren lassen, werden sie jeweils als Ebene der Grafik hinzugefügt. Hierzu wird im Rahmen von ggplot2 der +-Operator verwendet. Auch wenn es sich um eine Verkettung von Anweisungen handelt, also eine *Pipe*, darf im Kontext von ggplot2 der Standardoperator |> nicht verwendet werden. Das hat vor allem historische Gründe und führt mitunter zu kuriosen Fehlern. Eine präventive Maßnahme kann darin bestehen, die Daten, die geplottet werden sollen, als Objekt mittels einer Transformationsanleitung zu konstruieren, die den Standardoperator nutzt und erst danach eine neue Visualisierungsanleitung zu starten, die den +-Operator einsetzt. Die beiden Anleitungen sollten keinesfalls insgesamt verkettet werden.

```
library(ggplot2)

ggplot(
    data = df_tee,
    mapping = aes(
        x = alter,
        y = tassen_pro_tag
    )
) +
    geom_point()
```

```
Warning: Removed 1 row containing missing values or values outside the scale
↪ range
(`geom_point()`).
```

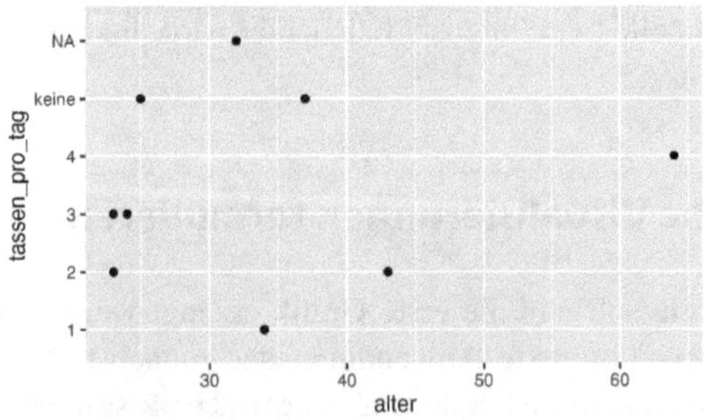

Wird der Code ausgeführt, erscheint zum ersten Mal eine Visualisierung im dafür vorgesehenen *RStudio Plot Pane* (Abb. 15.1). Dieses ist im rechten unteren Bereich zu finden und kann als »Plotgedächtnis« interpretiert werden. Neben der Anzeige aller Visualisierungen ermöglicht es mittels der Pfeiltasten durch die Plothistorie zu navigieren oder diese gänzlich zu löschen. Über einen Klick auf » Zoom« kann ein gesondertes Fenster geöffnet werden, das eine vom Pane unabhängige

Darstellung ermöglicht. Zuletzt lassen sich die Plots durch einen Klick auf » Export« auf der Festplatte speichern, worauf am Ende des Lernschritts eingegangen wird. Für den Moment soll genügen, dass die Visualisierungen erfolgreich direkt in RStudio angezeigt werden. Jedes Ausführen eines Plot-Codes hat zur Folge, dass eine neue Visualisierung dem Pane oder Gedächtnis hinzugefügt wird.

Die bisherige Darstellung bringt allerdings ein paar Probleme mit sich, anhand derer die enge Verzahnung von Daten – dem ersten Grundbaustein – und Plot deutlich wird. Die Angaben über die Anzahl der getrunkenen Teetassen pro Tag enthalten nicht-numerische Werte »keine« und überdies auch noch fehlende Werte (NA). In der Grafik führt das dazu, dass sowohl »keine« als auch »NA« als Werte auf der y-Achse auftauchen. ggplot2 versucht die Textspalte so akkurat wie möglich abzubilden. Soll daran etwas geändert werden, beispielsweise der Teekonsum ausschließlich als Zahlenwerte ausgedrückt werden, beginnt die Optimierung des Plots bei der Bearbeitung der Daten. Der eigentliche Plot-Code muss nach der Transformation nicht angetastet werden:

```
library(dplyr)

df_plot <-
    df_tee |>
    mutate(
        # Die Angabe "keine" wird in 0 umgewandelt:
        tassen_pro_tag = if_else(tassen_pro_tag == "keine", "0",
        ↪ tassen_pro_tag),                                          ①
        # Die gesamte Spalte wird in eine numerische umgewandelt:
        tassen_pro_tag = as.numeric(tassen_pro_tag)                 ②

    ) |>
    # Fehlende Werte werden händisch über die ID entfernt:
    filter(id != 5 & id != 8)                                       ③

ggplot(                                                             ④
    data = df_plot,
    mapping = aes(
        x = alter,
        y = tassen_pro_tag
    )
) +
    geom_point()
```

① Alle Werte `"keine"` der Spalte `tassen_pro_tag` werden in 0 transfomiert.
② So angepasst kann der Datentyp der Spalte in Numeric konveriert werden.
③ Schließlich wird ein Filter angewendet, der über die Spalte ID jene Fälle entfernt, die fehlende Werte enthalten.
④ Die aufbereiteten Daten können nun mit dem unveränderten Plot-Code visualisiert werden.

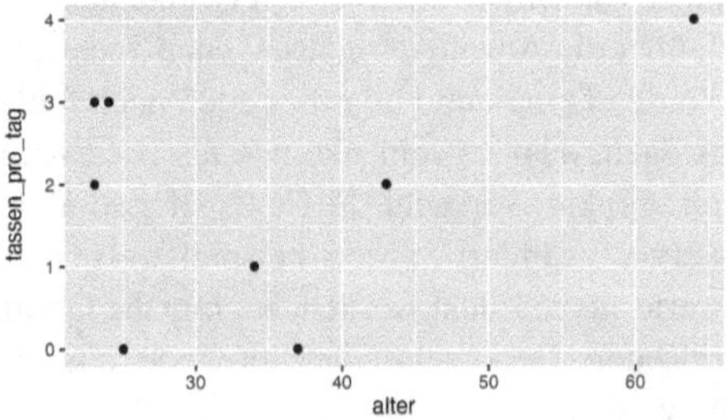

Ausgehend von dieser Bereinigung lässt sich die Darstellung weiter optimieren. Beispielsweise indem zusätzliche *Geometries,* also grafische Ebenen hinzugefügt werden. Das können erneut Punkte sein, die durch ihre Überlagerung interessante Effekte ermöglichen. Die jeweiligen Ebenen werden dabei durch eine Anpassung einiger Eigenschaften angepasst. In R gesprochen, wird die Funktion `geom_point()` mithilfe des +-Operators zweimal an die Funktion `ggplot()` gekettet und durch die Angabe der Argumente `size` und `colour` spezifiziert:

```
ggplot(
    data = df_plot,
    mapping = aes(
        x = alter,
        y = tassen_pro_tag
    )
) +
    geom_point(
        size = 5,
        colour = "black"
    ) +
    geom_point(
        size = 3,
        colour = "red"
    )
```

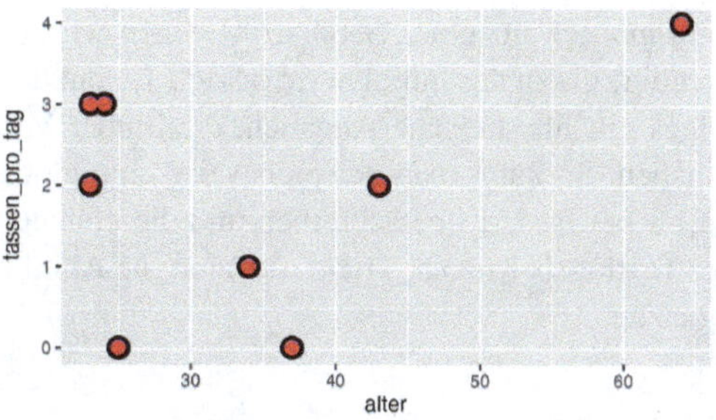

Noch größere Gestaltungsspielräume eröffnen sich, wenn die *Geometries* sich von den globalen *Mappings* lösen und spezifische Abbildungen festlegen. Auf diese Weise lassen sich zusätzliche (dynamische) Informationsebenen integrieren. Die bisherige Visualisierung lässt sich beispielsweise um Informationen zur Präferenz von Bio-Tee anreichern. Dafür ist es lediglich nötig, das zweite *Geometry* mit der Datenspalte `bio_tee` zu verbinden. Im Unterschied zu den »statischen« Argumenten bildet die Angabe eines *Mappings* mittels der `aes()`-Funktion die Inhalte des Datenobjekts ab:

```
ggplot(
    data = df_plot,
    mapping = aes(
        x = alter,
        y = tassen_pro_tag
    )
) +
    geom_point(
        size = 5,
        colour = "black"
    ) +
    geom_point(
        mapping = aes(
            colour = bio_tee
        ),
        size = 3,
)
```

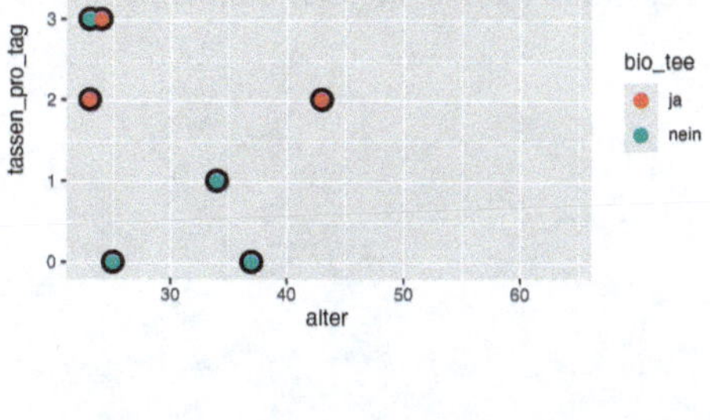

Den spezifischen *Mappings* einzelner *Geometry*-Ebenen wird dabei stets Vorrang vor globalen *Mappings,* die in der initialen `ggplot()`-Funktion definiert werden eingeräumt. Selbiges gilt für statische Angaben, die immer Vorrang vor dynamischen *Mappings* haben. So kann man beispielsweise eine globale Abbildung der Textspalte `bio_tee` bei Bedarf überschreiben und die globalen Abbildungen im Fall hinzugefügter Textlabels (`geom_label()`) um die Abbildung der korrekten Namensspalte ergänzen:

```
ggplot(
    data = df_plot,
    mapping = aes(
        x = alter,
        y = tassen_pro_tag,
        colour = bio_tee
    )
) +
    geom_point(
        size = 5,
        colour = "black"
    ) +
    geom_point(
        size = 3,
    ) +
    geom_label(                                    ①
        mapping = aes(                             ②
            label = nachname
        ),
        nudge_y = 0.2                              ③
    )
```

① Zur Visualisierung der Namen wird die Funktion `geom_label()` verwendet.
② Diese erfordert zwingend ein neues Mapping zu den Daten, nämlich die Angabe, welche Spalte die Textwerte der abgebildeten `label` enthält.
③ Die zusätzliche Angabe von `nudge_y` schiebt das Textlabel etwas nach oben, sodass die darunterliegenden Punkte sichtbar bleiben.

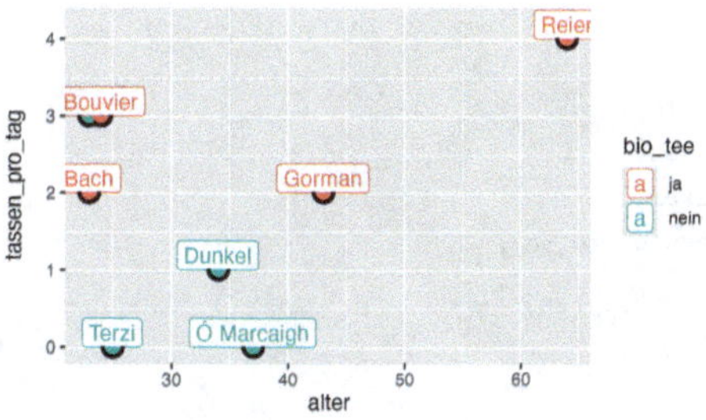

15.3 Visualisierungen anpassen

Die Konstruktion beliebig komplexer Grafiken aus einem überschaubaren Set an Grundbausteinen markiert die Grundidee der Datenvisualisierung mittels ggplot2. Das enorm breite Anwendungsfeld kann hier nur punktuell und in seinen Grundzügen dargestellt werden. Im Folgenden geht es daher um zwei Visualisierungsbereiche, die zwar *sensible defaults* aufweisen, aber trotzdem häufig den eigenen Bedürfnissen und ästhetischen Prämissen angepasst werden. Dies ist zum einen die Beschriftung von Grafiken und zum anderen die grafische Gestaltung des Plots im Allgemeinen, d. h., der von Daten unabhängigen Elemente wie Achsen, Beschriftungen, Hintergründe usf.

Dafür wird eine Situation kreiert, die eher dem Alltag entspricht und die daran erinnert, dass auch Plots als R Objekte gespeichert und wiederverwendet werden können. Gepaart mit der Idee der Konstruktion von Plots über *Pipes* erhält man damit ein flexibles und leistungsfähiges Visualisierungswerkzeug. Das folgende Beispiel führt das exemplarisch vor Augen. Zunächst wird die bekannte Grafik als Objekt gespeichert, um sie in einem zweiten Schritt um einen Titel und besser lesbare Achsenbeschriftungen zu ergänzen. Hierzu wird das Objekt mithilfe des +-Operators um weitere Befehle erweitert. Das Resultat wird erneut als Objekt gespeichert, welches schließlich ausgegeben wird. Jeder Aufruf dieses Namens führt fortan dazu, dass der entsprechende Plot im Plot Pane (neu) angezeigt wird.

```
p_alter_frequenz <-                                                    ①
    ggplot(
        data = df_plot,
        mapping = aes(
            x = alter,
            y = tassen_pro_tag,
            colour = bio_tee
        )
    ) +
    geom_point(
        size = 5,
        colour = "black"
    ) +
    geom_point(
        size = 3
    ) +
    geom_label(
        mapping = aes(
            label = nachname
        ),
        nudge_y = 0.2,
        show.legend = FALSE                                            ②
    )

p_alter_frequenz_titel <-                                              ③
    p_alter_frequenz +
    xlab("Alter") +                                                    ④
    ylab("Tassen pro Tag") +
    labs(                                                              ⑤
        colour = "Bio Tee bevorzugt",
        title = "Frequenz des Teekonsums nach dem Alter",
        subtitle = "Ein eleganter Plot mit ggplot2",
    )

p_alter_frequenz_titel                                                 ⑥
```

① Der Plot wird als Objekt abgespeichert.
② Der bisherige Code wird um die Angbabe `show.legend` ergänzt, um die Darstellung der Farb-Legende zu optimieren.
③ In einem nächsten Schritt wird mit dem gespeicherten Plot-Objekt weitergearbeitet und ein modifiziertes neues Plot-Objekt erzeugt.

④ Bei diesem neuen Plot-Objekt werden zunächst die Achsenbeschriftungen verbessert.
⑤ Danach wird die Beschriftung der Farb-Legende verändert und dem Plot ein Titel und ein Untertitel hinzugefügt.
⑥ Da als Objekte gespeicherte Plots nicht direkt im Plot Pane visualisiert werden, wird das Objekt explizit aufgerufen, was dessen Visualisierung zur Folge hat.

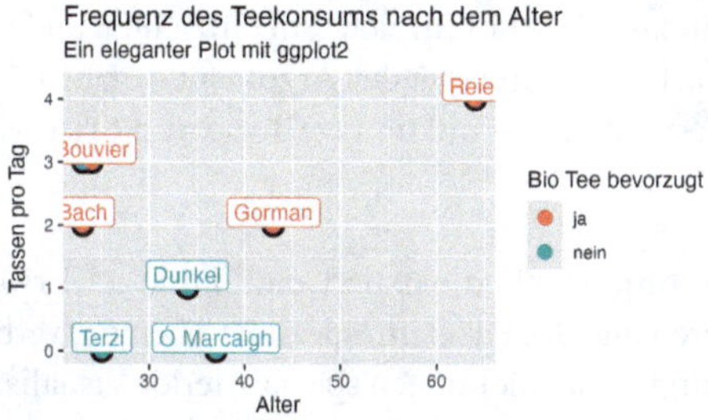

Mit dem gespeicherten Plot-Objekt `p_alter_frequenz_titel` kann nun weitergearbeitet werden. Im Prinzip repräsentiert es nichts anderes als eine Visualisierungsanleitung, die zu einer bestimmten Grafik führt. An diese kann wie gehabt angeknüpft werden und z. B. die allgemeine grafische Aufbereitung angepasst werden. Das *Theming* eines Plots lässt sich durch ein entsprechendes Set an Funktionen variieren und bis ins kleinste Detail den eigenen Vorstellungen nach justieren.

```
p_alter_frequenz_titel +
    labs(
        subtitle = paste("Es wurden", nrow(df_tee), "Personen befragt"  )
    ) +
    theme_minimal() +
    theme(
        plot.title = element_text(face = "bold"),
        legend.position = "bottom"
    )
```

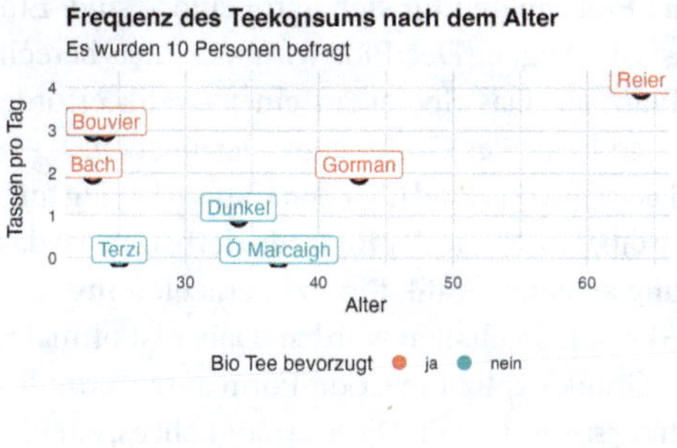

Im Zuge der Erweiterung von Plot-Objekten ist es, wie das Beispiel durch die Veränderung des Untertitels zeigt, problemlos möglich, vorhandene Einstellungen zu überschreiben. Hier wird noch etwas deutlich, das erneut den Bogen zu den Basiskonzepten der Lernschritte 6 bis 10 spannt. Auch Plots sind nichts anderes als spezielle Datenstrukturen, die an die Regeln von R gebunden sind. Ein ggplot2-Objekt wird beispielsweise als Liste abgespeichert, was u. a. über das Environment Pane überprüft werden kann. Wie der veränderte Untertitel-Code zeigt, erweist sich dieses basale Verständnis als sehr hilfreich, um effizienten und eleganten Plot-Code zu formulieren. Ganz konkret erwartet das Argument `subtitle` einen Textvektor, der durchaus das Resultat einer Funktion (z. B. `paste()`, wie im Beispiel zuvor) sein darf.

▶ **ggplot2 erweitern** Online existiert eine Fülle an Erweiterungen, die auf ggplot2 basieren und das Paket um spezielle Themen, verbesserte Funktionen oder vorgefertigte Bauanleitungen spezialisierter Visualisierungen erweitern. Eine Übersicht verfügbarer *ggplot2 Extensions,* die in der Regel als R Paket geladen werden können, bietet Daniel Emaasit (2024).

15.4 Visualisierungen abspeichern

Bisher stand die Konstruktion von Visualisierungen im Mittelpunkt. Wie aber können die finalen Grafiken aus R heraus gespeichert werden, um sie in den eigenen Publikationen oder Präsentation zu nutzen? Eingangs wurde bereits die intuitive Variante erwähnt, die RStudio über das Plot Pane anbietet (Abb. 15.1). Ein Klick auf » Export« öffnet einen eigens für das Speichern von Bildern konzipiertes Export-Dialog. Dort wird neben dem Speicherpfad und den Größendimensionen der Grafik auch eine Vorschau angezeigt, die das gespeicherte Bild anzeigt. Das ist sehr hilfreich, da die Plots an und für sich »größenlos« sind. Eine Veränderung des Plot Pane führt das vor Augen. Der Plot wird stets neu berechnet und passt sich dem verfügbaren Platz an. Das Speichern einer Grafik erfordert es demnach die gewünschte Breite und Höhe der Grafik genau anzugeben.

Nun kann man das zwar von Hand über den Export-Dialog tun, nachhaltig und vor allen Dingen komfortabel im Sinne der Reproduzierbarkeit ist das aber nicht. Bereits die kleinste Änderung an einer Grafik führt zur erneuten Justage des Exports, da die Angaben nicht im Skript festgehalten wurden. Daher ist oftmals zielführender auch das Speichern einer Grafik explizit in Code-Form auszuformulieren. ggplot2 bringt hierfür die Funktion `ggsave()` mit. Diese ermöglicht es, ein Plot-Objekt als (Bild-)

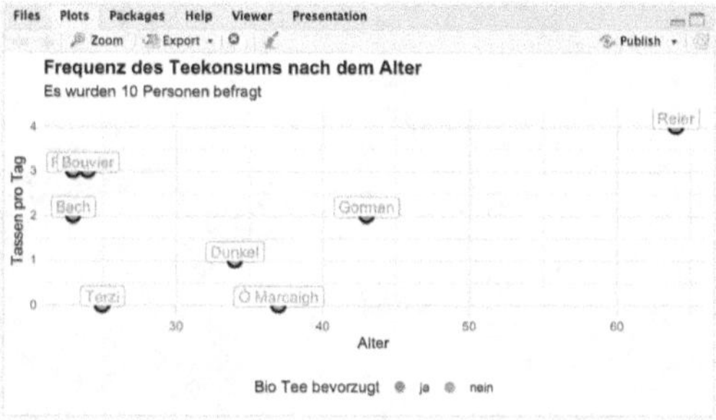

Abb. 15.1 RStudio Plot Pane

Datei auf der Festplatte zu speichern und dabei alle gewünschten Einstellungen vorzunehmen. Neben den notwendigen Angaben zur Breite und Höhe können das z. B. auch die Festlegung der Auflösung (dpi) sein.

Besondere Aufmerksamkeit ist der Angabe des Dateinamens zu schenken. Diese muss, wie beim Export anderer Dateien auch (vgl. Kap. 13), mit einem konkreten Dateiformat enden. Bei Plots entscheidet die Angabe demnach darüber, ob komprimierte Pixelbilder (JPEG, PNG) oder verlustfreie Vektorgrafiken gespeichert werden (SVG, PDF). Diese Unterscheidung zeigt sich auch bei unterschiedlichen Export-Dialogen von RStudio und ist vor allem für die spätere Verwendung der Grafiken entscheidend. Weiterführende Informationen hierzu, wie auch Tipps zur allgemeinen Nutzung von ggplot2 finden sich bei Winston Chang (2024).

```
ggsave(
    filename = "p-alter-frequenz-titel.png",
    plot = p_alter_frequenz_titel,
    width = 20,
    height = 10,
    units = "cm",
    dpi = 300
)
```

Nach diesem kleinen Einblick in die *Grammar of Graphics* befassen sich die kommenden drei Lernschritte mit je einer speziellen Art von Daten, die alle drei für sozialwissenschaftliche Vorhaben von großer Bedeutung sind. Den Anfang machen Faktoren, wobei es sich um einen speziellen Dateityp für kategoriale Daten handelt.

Mit Faktoren arbeiten 16

Neben den in Lernschritt 6 (Kap. 6) grundlegenden Datentypen existieren in R noch einige weitere spezielle Arten von Daten. Besonders relevant für sozialwissenschaftliche Kontexte sind dabei sogenannte *Faktoren,* da sie es ermöglichen kategoriale Daten in R abzubilden. In diesem Lernschritt geht es sowohl um die Konzeption dieses speziellen Dateityps als auch um die daraus resultierenden Eigenheiten, die im Analysealltag zu bewältigen sind.

16.1 Faktoren als spezielle Vektoren

Ein Faktor ist ein Vektor, der ausschließlich aus vordefinierten Werten besteht. Im Grunde lässt er sich als numerischer Vektor verstehen, der mit einem Textvektor verknüpft ist. Dabei wird allen numerischen Ausprägungen ein bestimmter Textwert zugewiesen. Diese »Faktorisierung« kann daher als Beschriftung eines numerischen Vektors verstanden werden und ist zwingend vollständig. Das Set an möglichen Beschriftungen, in R *Levels* genannt, limitiert das Spektrum möglicher Werte. Neue Faktoren können mittels der Funktion `factor()` aus jedem beliebigen Vektor erzeugt werden und lassen sich mit den bekannten Hilfswerkzeugen untersuchen:

```
vektor_zahlen <- 1:5

faktor_zahlen <-
    vektor_zahlen |>
    factor()
faktor_zahlen
```


F. Mundt und K. Horvath, *R Essentials*, Quantitative Sozialforschung,
https://doi.org/10.1007/978-3-658-48794-2_16

```
[1] 1 2 3 4 5
Levels: 1 2 3 4 5
```

```
is.vector(faktor_zahlen)
```

```
[1] FALSE
```

```
is.factor(faktor_zahlen)
```

```
[1] TRUE
```

```
typeof(faktor_zahlen)
```

```
[1] "integer"
```

In Anbetracht der Ausgabe der Konsole fällt es nicht schwer, einen Faktor zu identifizieren. Neben den einzelnen Werten werden direkt die möglichen Levels angezeigt. Diese sind stets als Textwerte festgelegt. Auch wenn Faktoren als Datentyp Integer ausgewiesen werden, kann folglich nicht mit ihnen gerechnet werden. Das mag zunächst verwirren, wird aber nachvollziehbar, wenn man sich daran erinnert, dass Faktoren kategoriale Daten repräsentieren, mit denen schließlich nicht direkt gerechnet werden kann. Nichts anderes teilt R in Form einer Warnmeldung mit, sollte doch eine Kalkulation versucht werden:

```
vektor_zahlen[1] + vektor_zahlen[3]
```

```
[1] 4
```

```
faktor_zahlen[1] + faktor_zahlen[2]
```

```
Warning in Ops.factor(faktor_zahlen[1], faktor_zahlen[2]): '+' ist nicht
sinnvoll für Faktoren
```

```
[1] NA
```

Die Ausschließlichkeit der vordefinierten Werte, also der Levels, stellt einen weiteren Fallstrick von Faktoren dar. Werden diese explizit angegeben, beschreiben sie damit ein fixes Set an möglichen Werten, von dem nicht abgewichen werden kann. Sollen beim Erzeugen von Faktoren aus bestehenden Vektoren andere Werte enthalten sein, werden diese stillschweigend zu fehlenden Werten umgewandelt. Bei den fehlenden Werten (`NA`) handelt es sich um dein einzigen »Sub-Datentyp« (vgl. Kap. 6), der jenseits definierter Levels möglich ist.

```
vektor_text <- c("Kategorie 1", "Kategorie 2", "Kategorie 3")
```

```
vektor_text |>
    factor()
```

```
[1] Kategorie 1 Kategorie 2 Kategorie 3
Levels: Kategorie 1 Kategorie 2 Kategorie 3
```

```
vektor_text |>
    factor(levels = c("Kategorie 1", "Kategorie 2"))
```

```
[1] Kategorie 1 Kategorie 2 <NA>
Levels: Kategorie 1 Kategorie 2
```

Aus diesem Verhalten ergeben sich spezielle Anforderungen, wenn man Faktoren verändern möchte. Weder können neue Werte jenseits der Palette zulässiger Levels einfach hinzugefügt werden noch verschwinden nicht mehr vorhandene Levels automatisch. Auch wenn es darum geht, die Reihenfolge der Levels zu verändern, ist etwas Mehrarbeit nötig. Um diese zu vereinfachen, kann seit einiges Jahren auf das Paket `forcats` zurückgegriffen werden, das Teil des Tidyverse ist und in den nächsten Abschnitten genutzt wird.

16.2 Faktoren bearbeiten mit `forcats`

Eine erste hilfreiche Funktion aus dem Werkzeugkasten `forcats` ist `fct_count()`, mit der die Anzahl der jeweiligen Werte gezählt werden kann. Ganz im Sinn der Philosophie des Tidyverse wird das Ergebnis als Data frame (Tibble) ausgegeben, mit dem direkt weitergearbeitet werden kann.

```
library(forcats)

mein_faktor <-
    c("Kategorie 1", "Kategorie 2", "Kategorie 3", "Kategorie 1"  ) |>
    factor()

mein_faktor |>
    fct_count()
```

```
# A tibble: 3 x 2
  f           n
  <fct>     <int>
1 Kategorie 1   2
2 Kategorie 2   1
3 Kategorie 3   1
```

An der Funktion lässt sich zugleich das syntaktische Schema der im Paket gebündelten Funktionen ableiten. Diese starten stets mit einem »fct_« gefolgt von der möglichst prägnant bezeichneten Aktion, die die Funktion mit dem Faktor durchführt.

Dieser Logik folgend erlaubt `fct_recode()` das Rekodieren eines Faktors. D. h., die Levels lassen sich anpassen und vorhandene Werte neu zuordnen. Beispielsweise können auf diese Weise Kategorien zusammengefasst werden. Dem Grundkonzept von Faktoren entsprechend können nur vorhandene Levels neu zugewiesen werden. Wird ein unbekanntes Level rekodiert wird daher eine Warnung ausgegeben.

```
mein_faktor |>
    fct_recode(
        "Kategorie 1 und 2" = "Kategorie 1",
        "Kategorie 1 und 2" = "Kategorie 2",
        "Kategorie 1 und 2" = "Kategorie Eins"
    )
```

```
Warning: Unknown levels in `f`: Kategorie Eins


[1] Kategorie 1 und 2 Kategorie 1 und 2 Kategorie 3       Kategorie 1 und 2
Levels: Kategorie 1 und 2 Kategorie 3
```

Neue Levels müssen explizit hinzugefügt werden. Das ist durchaus ohne das Ergänzen konkreter Faktoren-Werte möglich, indem das Set an Levels expandiert wird:

```
mein_faktor |>
    fct_expand(
        "Kategorie Eins"
    )
```

```
[1] Kategorie 1 Kategorie 2 Kategorie 3 Kategorie 1
Levels: Kategorie 1 Kategorie 2 Kategorie 3 Kategorie Eins
```

Das Ergebnis ist ein Faktor, der potenziell nutzbare Levels enthält. Das kann vor allem im Rahmen umfangreicher Datentabellen eine hilfreiche Eigenschaft sein. Der durch die Angabe der Levels fest definierte Raum des Möglichen schließt alternative Werte aus. Die Werte eines Faktors sind damit wesentlich verlässlicher als jene eines Textvektors, der absolut beliebige Werte beinhalten kann. Insofern kann es sinnvoll sein, Textvektoren im Verlauf der Analyse in strengere und damit sicherere Faktoren zu konvertieren.

Allzu schnell kann es allerdings auch dazu kommen, dass die ungenutzten Levels stören und man sie loswerden möchte. Mehr als der Aufruf der Funktion `fct_drop()` ist hierfür nicht erforderlich:

```
mein_faktor[-2]                                              ①

mein_faktor[-2] |>                                           ②
    fct_drop()
```

① Der zweite Faktorwert wird entfernt. Hierzu wird die bekannte Subsetting-Syntax verwendet.
② Das Entfernen des Faktorwertes führt nicht automatisch dazu, dass auch das Level gelöscht wird. Hierzu wird die Funktion `fct_drop()` genutzt.

```
[1] Kategorie 1 Kategorie 3 Kategorie 1
Levels: Kategorie 1 Kategorie 2 Kategorie 3
[1] Kategorie 1 Kategorie 3 Kategorie 1
Levels: Kategorie 1 Kategorie 3
```

Neben dem Hinzufügen und Löschen von Levels ist es oftmals nötig die Reihenfolge anzupassen. Diese entspricht nicht immer der gewünschten Ordnung, was vor allem im Zuge der Aufbereitung von Resultaten in Grafiken oder Tabellen schnell problematisch wird, insbesondere wenn man *ordinale Daten* angemessen abbilden möchte. Zur Änderung der Reihenfolge der Levels liefert `forcats` eine breite Palette an Funktionen. Am niederschwelligsten ist `fct_relevel()`. Die Funktion erlaubt einen direkten Zugriff auf den Levels-Vektor, dessen Werte nach Belieben umsortiert werden können:

```
mein_faktor |>
    fct_relevel("Kategorie 3", "Kategorie 2", "Kategorie 1")
```

```
[1] Kategorie 1 Kategorie 2 Kategorie 3 Kategorie 1
Levels: Kategorie 3 Kategorie 2 Kategorie 1
```

16.3 Faktoren als spezieller Spaltentyp – ein Beispiel

Abschließend soll der Bogen zum in den vorhergehenden Lernschritten skizzierten datenanalytischen Workflow geschlagen werden. An der ein oder anderen Stelle wurde bereits auf die Bedeutung und die Vorzüge von Faktoren im Kontext sozialwissenschaftlicher Vorhaben hingewiesen. Im Folgenden wird ein konkretes Beispiel präsentiert, das auf dem bekannten fiktiven Data frame zum Teekonsum basiert. Es wird jene Version des Datenobjekts verwendet, die auch schon für die Beispiele zur Datenvisualisierung genutzt wurde. Mit dem Wissen um den speziellen Datentyp Faktor können die bisher genutzten Textspalten zu Faktorspalten konvertiert werden, was u. a. neue Spielräume bei der Datenvisualisierung eröffnet.

Exemplarisch wird die Spalte `bevorzugter_tee` in einen Faktor konvertiert. Ein Vorgang, der bereits beim Importieren realisiert werden kann (`?parse_factor`). Daran schließt die Umkehr der Ordnung der Levels. Es folgt die Visualisierung der Spalte als Säulendiagramm: einmal auf Basis der unveränderten `df_tee`-Daten und einmal auf Basis der Faktorisierten `df_tee_faktor`-Daten. Die modifizierte Ordnung der Levels spiegelt sich in der Abfolge der Säulen wider:

```
library(dplyr)
library(ggplot2)

p_bevorzugter_tee_text <-                                              ①
    ggplot(
        data = df_tee,
        mapping = aes(
            x = bevorzugter_tee
        )
    ) +
    geom_bar() +
    labs(title = "Bevorzugter Tee als Textspalte")

df_tee_faktor <-                                                       ②
    df_tee |>
    mutate(
        bevorzugter_tee = as_factor(bevorzugter_tee),                  ③
        bevorzugter_tee = fct_relevel(                                 ④
            bevorzugter_tee,
            "Schwarztee", "Grüner Tee", "Früchtetee"
        )
    )

p_bevorzugter_tee_faktor <-
    ggplot(                                                            ⑤
        data = df_tee_faktor,
        mapping = aes(
            x = bevorzugter_tee
        )
    ) +
    geom_bar() +
    labs(title = "Bevorzugter Tee als Faktorspalte")

p_bevorzugter_tee_text
```

① Es wird ein Säulendiagramm basierend auf der Spalte `bevorzugter_tee` erzeugt. Da die Spalte vom Datentyp Character ist, werden die Säulen alphabetisch angeordnet.
② Um das zu ändern, müssen die Daten angepasst werden. Es wird folgerichtig ein neues Data frame erzeugt.
③ Dabei wird der Datentyp der Spalte `bevorzugter_tee` zunächst in Factor geändert,
④ um darauf aufbauend die Reihenfolge der Levels anzupassen.
⑤ Diese Modifikationen führen dazu, dass die Reihenfolge der Säulen (entsprechend jener der Levels) angepasst wird. Am Plot-Code ändert sich lediglich der Titel.

```
p_bevorzugter_tee_faktor
```

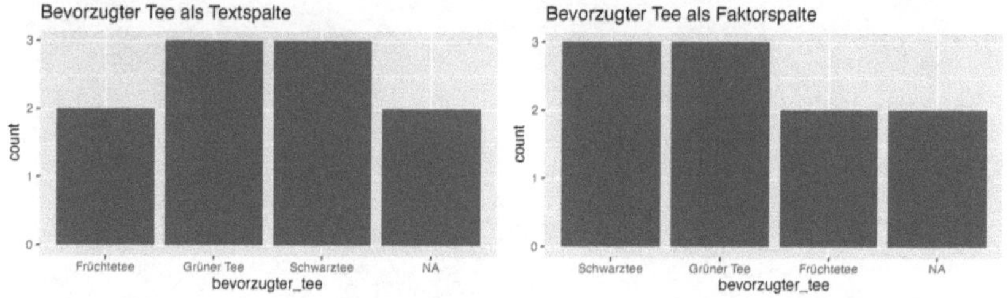

Bei der Betrachtung einer solchen Grafik könnte der Wunsch auftreten, die letzte Säule anzupassen. Anstatt »NA« soll »fehlende Werte« angezeigt werden, was allerdings mit `fct_recode()` nicht möglich. Fehlende Werte sind keine echten Faktorlevels und stellen ganz allgemein in R etwas besonderes dar. Wie in Lernschritt 6 (Kap. 6) erläutert, bilden sie einen mit allen Datentypen zusammenhängenden »Subtyp«. Bei allen Vorzügen, die das mit sich bringt, es macht auch eine Spezialbehandlung fehlender Werte notwendig. Was es damit auf sich hat, ist Gegenstand des nächsten Lernschritts.

Mit fehlenden Werten umgehen 17

Reale Datensätze sind in aller Regel unvollständig. Als statistische Arbeitsumgebung kommt fehlenden Werten (`NA`) in R eine besondere Bedeutung zu. In Lernschritt 6 (Kap. 6) wurde die spezielle Beziehung, die fehlende Werte zu den Datentypen aufweisen, bereits erläutert und an der ein oder anderen Stelle in den darauffolgenden Kapiteln kamen sie immer wieder als explizit zu behandelnde »Sonderfälle« vor. Dem speziellen Umgang, den fehlende Werte in R einfordern, widmet sich dieser Lernschritt.

17.1 Fehlende Werte identifizieren

Als erstes, geht es dabei um die Frage, wie bestehende Daten auf fehlende Werte geprüft werden können. Einzelne Werte konnten bereits im Zuge der Untersuchung der Grundstruktur fehlender Werte mittels `is.na()` getestet werden (vgl. Kap. 6). Diese Funktion ist dabei keineswegs auf diesen speziellen Einsatz beschränkt. Sie kann auf jegliche Objekte angewendet werden, z. B. auf die bekannten Daten zum Teekonsum. In diesem Fall prüft sie jeden einzelnen Wert und gibt ein `TRUE` oder `FALSE` zurück, je nachdem ob es sich um einen fehlenden Wert handelt oder nicht.

```
df_tee |>
    is.na()
```

```
        id nachname vorname bevorzugter_tee bio_tee tassen_pro_tag alter
[1,] FALSE    FALSE   FALSE           FALSE   FALSE          FALSE FALSE
[2,] FALSE    FALSE   FALSE           FALSE   FALSE          FALSE FALSE
[3,] FALSE    FALSE   FALSE           FALSE   FALSE          FALSE FALSE
```


F. Mundt und K. Horvath, *R Essentials*, Quantitative Sozialforschung,
https://doi.org/10.1007/978-3-658-48794-2_17

```
 [4,] FALSE    FALSE   FALSE            FALSE   FALSE        FALSE FALSE
 [5,] FALSE    FALSE   FALSE            FALSE   FALSE         TRUE FALSE
 [6,] FALSE    FALSE   FALSE             TRUE   FALSE        FALSE FALSE
 [7,] FALSE    FALSE   FALSE            FALSE   FALSE        FALSE FALSE
 [8,] FALSE    FALSE   FALSE            FALSE   FALSE        FALSE  TRUE
 [9,] FALSE    FALSE   FALSE            FALSE   FALSE        FALSE FALSE
[10,] FALSE    FALSE   FALSE             TRUE   FALSE        FALSE FALSE
```

Auch wenn diese Form der Anwendung aufschlussreich sein kann, hilfreicher ist oftmals die generelle Information, ob in einem Datensatz fehlende Werte vorkommen. Diese Reduktion des Ergebnisses ermöglicht die `any()`-Funktion.

```
df_tee |>
    is.na() |>
    any()
```

```
[1] TRUE
```

Die Kontrolle, ob fehlende Werte in einzelnen Spalten vorkommen, lässt sich so ebenfalls realisieren. Mittels `which()` ist es sogar möglich, den exakten Index, d. h. die genaue Position, der fehlenden Werte innerhalb einer Spalte (eines Vektors) zu ermitteln. Die Spalte `alter` weist demnach an achter Stelle einen fehlenden Wert auf.

```
df_tee$vorname |>
    is.na() |>
    any()
```

```
[1] FALSE
```

```
df_tee$alter |>
    is.na() |>
    any()
```

```
[1] TRUE
```

```
df_tee$alter |>
    is.na() |>
    which()
```

```
[1] 8
```

17.2 Fehlende Werte herstellen

Manchmal geht es nicht darum, fehlende Werte zu diagnostizieren, sondern diese gezielt zu erzeugen. Das kann beispielsweise dann der Fall sein, wenn ganz bewusst bestimmte Werte ausgeschlossen werden sollen. Schließlich greifen die speziellen Mechanismen von R in Bezug auf fehlende Werte nur dann, wenn diese auch korrekt als solche abgespeichert sind. Das Wissen um die Position von Werten gepaart mit dem *Assignments Operator* (vgl. Kap. 7) machen das Ausweisen von Einträgen oder Werten als fehlend zum Kinderspiel:

```
df_tee$alter
```

```
[1] 23 34 64 43 32 37 23 NA 24 25
```

```
df_tee$alter[1:2] <- NA
df_tee$alter
```

```
[1] NA NA 64 43 32 37 23 NA 24 25
```

Unter Rückgriff auf Werkzeuge des Tidyverse fällt es zudem nicht schwer, unabhängig von genauen Positionsangaben fehlende Werte herzustellen. Es genügt die Angabe des Werts, der in einen fehlenden Wert konvertiert werden soll. Will man beispielsweise alle Werte, die das Alter 37 enthalten als fehlend ausweisen, ist das einfach möglich:

```
library(dplyr)

df_tee |>
    mutate(
        alter = na_if(alter, 37)
    )
```

```
# A tibble: 10 x 7
      id nachname    vorname    bevorzugter_tee bio_tee tassen_pro_tag alter
   <dbl> <chr>       <chr>      <chr>           <chr>   <chr>          <dbl>
 1     1 Bach        Aaron      Früchtetee      ja      2                 23
 2     2 Dunkel      Olivia     Grüner Tee      nein    1                 34
 3     3 Reier       Leonhard   Schwarztee      ja      4                 64
 4     4 Gorman      Björn      Grüner Tee      ja      2                 43
 5     5 Peynirci    Ada        Schwarztee      ja      <NA>              32
 6     6 Ó Marcaigh Bláthnaid  <NA>            nein    keine             NA
 7     7 Ready       Lucille    Früchtetee      nein    3                 23
 8     8 Metz        Amelie     Grüner Tee      nein    2                 NA
 9     9 Bouvier     Jaques     Schwarztee      ja      3                 24
10    10 Terzi       Şener      <NA>            nein    keine             25
```

Ab und an werden fehlende Werte auch automatisch im Hintergrund erzeugt. Zum Beispiel dann, wenn R »nicht mehr weiter weiß«. Das kann mitunter zu unerwarteten Situationen führen und birgt einiges an Fehlerpotenzial in sich. Vor allem beim Umwanden von Datentypen (vgl. Kap. 6) ist daher besonders darauf zu achten, ob die Konvertierung zu dem gewünschten Ergebnis führt:

```
df_tee$nachname |>
    factor(levels = c("Bach"))
```

```
 [1] Bach <NA> <NA> <NA> <NA> <NA> <NA> <NA> <NA> <NA>
Levels: Bach
```

Selbiges gilt für Berechnungen, die durch fehlende Werte verunmöglicht werden. Erst wenn alle fehlende Werte von der Kalkulation ausgenommen werden, können sie durchgeführt werden.

```
df_tee$alter |>
    mean()
```

```
[1] NA
```

```
df_tee$alter |>
    na.omit() |>
    mean()
```

```
[1] 33.88889
```

17.3 Fehlende Werte entfernen

In bestimmten Situationen müssen fehlende Werte demnach entfernt oder zumindest ausgeklammert werden. In vielen Funktionen ist das durch das Argument `na.rm` möglich:

```
df_tee$alter |>
    mean()
```

```
[1] NA
```

```
df_tee$alter |>
    mean(na.rm = TRUE)
```

```
[1] 33.88889
```

Eine andere Möglichkeit ausschließlich vollständige Datensätze herzustellen besteht darin, `is.na()` etwas abgewandelt zu nutzen. Da es sich bei dem Ergebnis der Prüfung um logische Angaben handelt, können diese mit dem Operator `!` invertiert werden. `!is.na()` liefert folglich `TRUE` für alle nicht-fehlenden Werte, was zu deren Auswahl genutzt werden kann:

```
df_tee$alter[!is.na(df_tee$alter)]
```

```
[1] 23 34 64 43 32 37 23 24 25
```

Geht es darum, sicherzustellen, dass der gesamte Datensatz keinerlei fehlende Werte enthält, kann `na.omit()` genutzt werden. Diese Funktion entfernt alle Zeilen, die einen oder mehrere fehlende Werte aufweisen vollständig.

```
df_tee |>
    na.omit()
```

```
# A tibble: 6 x 7
     id nachname vorname  bevorzugter_tee bio_tee tassen_pro_tag alter
  <dbl> <chr>    <chr>    <chr>           <chr>   <chr>          <dbl>
1     1 Bach     Aaron    Früchtetee      ja      2                 23
2     2 Dunkel   Olivia   Grüner Tee      nein    1                 34
3     3 Reier    Leonhard Schwarztee      ja      4                 64
4     4 Gorman   Björn    Grüner Tee      ja      2                 43
5     7 Ready    Lucille  Früchtetee      nein    3                 23
6     9 Bouvier  Jaques   Schwarztee      ja      3                 24
```

Eine ähnliche Funktion stellt das `tidyr`-Paket bereit, welches Teil des Tidyverse ist. Mit `drop_na()` kann allerdings filigraner gearbeitet werden. Über ein allgemeines Entfernen aller Zeilen mit fehlender Werte hinaus kann kann das Löschen einer Zeile abhängig vom Vorhandensein fehlender Werte in bestimmten Spalten beschränkt werden.

```
library(tidyr)

df_tee |>
    drop_na()
```

```
# A tibble: 6 x 7
     id nachname vorname  bevorzugter_tee bio_tee tassen_pro_tag alter
  <dbl> <chr>    <chr>    <chr>           <chr>   <chr>          <dbl>
1     1 Bach     Aaron    Früchtetee      ja      2                 23
2     2 Dunkel   Olivia   Grüner Tee      nein    1                 34
3     3 Reier    Leonhard Schwarztee      ja      4                 64
4     4 Gorman   Björn    Grüner Tee      ja      2                 43
5     7 Ready    Lucille  Früchtetee      nein    3                 23
6     9 Bouvier  Jaques   Schwarztee      ja      3                 24
```

```
df_tee |>
    drop_na()
```

```
# A tibble: 9 x 7
     id nachname    vorname    bevorzugter_tee bio_tee tassen_pro_tag alter
  <dbl> <chr>       <chr>      <chr>           <chr>   <chr>          <dbl>
```

```
1      1 Bach       Aaron      Früchtetee     ja      2                23
2      2 Dunkel     Olivia     Grüner Tee     nein    1                34
3      3 Reier      Leonhard   Schwarztee     ja      4                64
4      4 Gorman     Björn      Grüner Tee     ja      2                43
5      5 Peynirci   Ada        Schwarztee     ja      <NA>             32
6      6 Ó Marcaigh Bláthnaid  <NA>           nein    keine            37
7      7 Ready      Lucille    Früchtetee     nein    3                23
8      9 Bouvier    Jaques     Schwarztee     ja      3                24
9     10 Terzi      Şener      <NA>           nein    keine            25
```

17.4 Fehlende Werte konvertieren – inklusive Beispiel

Bei allen Vorteilen, die der spezielle Datentyp `NA` bietet, ist er spätestens dann von Nachteil, wenn es um die Publikation von Resultaten geht. Sollen die Daten tabellarisch oder grafisch aufbereitet werden, ist die Angabe `NA` mitunter störend und soll durch die leichter verständliche Variante »fehlender Wert« ersetzt werden. Zwar ist es dann z. B. nicht mehr möglich mittels `drop_na()` ganze Zeilen auszuschließen, dafür können die fehlenden Werte dann aber wie andere Texteinträge verarbeitet werden.

Die Konvertierung eines fehlenden Werts in einen nicht-fehlenden Wert lässt sich äquivalent zu dessen Herstellung realisieren. Das einzige Problem besteht darin, die korrekte Position zu ermitteln. Mithilfe von `which()` ist aber auch das einfach aufzulösen.

```
index_na <-
    df_tee$alter |>
    is.na() |>
    which()

df_tee$alter[index_na] <- "fehlend"
df_tee
```

```
# A tibble: 10 x 7
      id nachname   vorname    bevorzugter_tee bio_tee tassen_pro_tag alter
   <dbl> <chr>      <chr>      <chr>           <chr>   <chr>          <chr>
 1     1 Bach       Aaron      Früchtetee      ja      2              23
 2     2 Dunkel     Olivia     Grüner Tee      nein    1              34
 3     3 Reier      Leonhard   Schwarztee      ja      4              64
 4     4 Gorman     Björn      Grüner Tee      ja      2              43
 5     5 Peynirci   Ada        Schwarztee      ja      <NA>           32
 6     6 Ó Marcaigh Bláthnaid  <NA>            nein    keine          37
 7     7 Ready      Lucille    Früchtetee      nein    3              23
 8     8 Metz       Amelie     Grüner Tee      nein    2              fehle~
 9     9 Bouvier    Jaques     Schwarztee      ja      3              24
10    10 Terzi      Şener      <NA>            nein    keine          25
```

Die mit der Konvertierung fehlender Werte einhergehende stillschweigende Konvertierung des Datentyps kann sich dabei allerdings als heimtückischer Fallstrick erweisen. So konnte der fehlende Wert der Spalte `alter` zwar problemlos in »fehlend« umgewandelt werden, notwendigerweise musste R dafür aber auch den Datentyp von Double (numerisch) zu Character wechseln. Berechnungen sind folglich nicht mehr möglich.

Allzu oft führt die Konvertierung fehlender Werte zu Fehlern dieser Art. Um die verursachenden impliziten Prozesse explizit zu machen und damit schwerwiegenderen Problemen vorzubeugen, bieten sich Funktionen aus dem `tidyr`-Paket an. Wird die Konvertierung von fehlenden Werten mittels `replace_na()` unternommen, bricht der Prozess ab, wenn dieser ein Wechsel des Datentyps mit einschließt. Nur wenn dieser explizit im Voraus formuliert wird, kann die dann aus Sicht des Datentyps folgenlose Umwandlung von `NA` ind »fehlend« vorgenommen werden.

```
library(tidyr)

df_tee |>
    mutate(
        alter = replace_na(alter, "fehlend")
    )
```

```
Error in `mutate()`:
i In argument: `alter = replace_na(alter, "fehlend")`.
Caused by error in `vec_assign()`:
! Can't convert `replace` <character> to match type of `data` <double>.
```

```
df_tee |>
    mutate(
        alter = as.character(alter),
        alter = replace_na(alter, "fehlend")
    )
```

```
# A tibble: 10 x 7
      id nachname    vorname   bevorzugter_tee bio_tee tassen_pro_tag alter
   <dbl> <chr>       <chr>     <chr>           <chr>   <chr>          <chr>
 1     1 Bach        Aaron     Früchtetee      ja      2              23
 2     2 Dunkel      Olivia    Grüner Tee      nein    1              34
 3     3 Reier       Leonhard  Schwarztee      ja      4              64
 4     4 Gorman      Björn     Grüner Tee      ja      2              43
 5     5 Peynirci    Ada       Schwarztee      ja      <NA>           32
 6     6 Ó Marcaigh Bláthnaid <NA>            nein    keine          37
 7     7 Ready       Lucille   Früchtetee      nein    3              23
 8     8 Metz        Amelie    Grüner Tee      nein    2              fehle~
 9     9 Bouvier     Jaques    Schwarztee      ja      3              24
10    10 Terzi       Şener     <NA>            nein    keine          25
```

▶ **Faktoren und fehlende Werte**
Ungleich herausfordernder ist die Konvertierung fehlender Werte in Bezug auf Faktoren. Vor allem deshalb, weil die Ebene der Levels zu berücksichtigen ist. Das `forcats`-Paket liefert hierfür nützliche Funktionen, die den Umgang deutlich vereinfachen (`?fct_na_value_to_level`).

Als abschließendes Beispiel wird die Darstellung der im vorhergehenden Lernschritt erstellte Visualisierung der bevorzugten Teesorten angepasst. Mit dem Wissen darum, wie fehlende Werte expliziert werden können, lässt sich das realisieren, was bisher nicht möglich war. Sowohl die Bezeichnung der Säule »NA« als auch ihre Position lässt sich verändern.

```
library(dplyr)
library(tidyr)
library(forcats)
library(ggplot2)

df_tee_faktor <-
    df_tee |>
    mutate(
      bevorzugter_tee = replace_na(bevorzugter_tee, "Fehlende Werte"),
      bevorzugter_tee = as_factor(bevorzugter_tee),
      bevorzugter_tee = fct_relevel(
          bevorzugter_tee,
          "Fehlende Werte", "Schwarztee", "Grüner Tee", "Früchtetee"
        ),
  )

ggplot(
    data = df_tee_faktor,
    mapping = aes(
        x = bevorzugter_tee
    )
) +
  geom_bar()
```

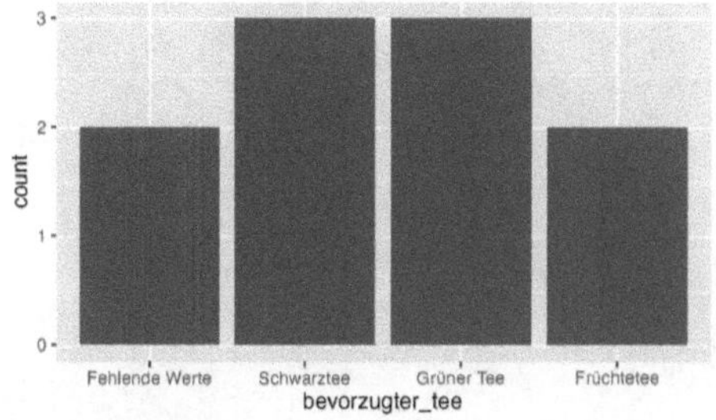

Neben dem Umgang mit fehlenden Werten spielen zufällig generierte Zahlen eine große Rolle im sozialwissenschaftlichen Analysealltag. Im nächsten Lernschritt steht daher R als »Zufallsgenerator« im Mittelpunkt.

Zufallszahlen erzeugen und nutzen 18

R bietet eine Fülle an Möglichkeiten, um Zufallszahlen zu generieren. In diesem Lernschritt geht es aber nicht nur um das bloße Erstellen zufälliger Daten. Darüber hinaus wird geklärt, wie sich ein »reproduzierbarer Zufall« in R realisieren lässt und wie sich Zufallsstichproben ziehen lassen.

18.1 Zufallszahlen erzeugen

Wenn es darum geht, einfache Zufallszahlen zu generieren kann auf die Funktion `runif()` zurückgegriffen werden. Diese erzeugt je nach den übergebenen Argumenten ein mehr oder weniger umfangreiches Set an *gleichmäßig verteilten Zufallszahlen.* Neben den Angaben der Minimal- und Maximalwerte ist die Anzahl der Fälle festzulegen und schon erhält man einen zufällig generierten numerischen Vektor. Zur besseren Veranschaulichung wird dieser im folgenden Beispiel als Verteilungskurve visualisiert.

F. Mundt und K. Horvath, *R Essentials*, Quantitative Sozialforschung, https://doi.org/10.1007/978-3-658-48794-2_18

```
library(ggplot2)

df_zufall <-
    data.frame(
        zufallswert = runif(
            n = 200,
            min = 0,
            max = 100
        )
    )

ggplot(
    data = df_zufall,
    mapping = aes(x = zufallswert)
) +
    geom_density(alpha = 0.1) +
    theme_minimal()
```

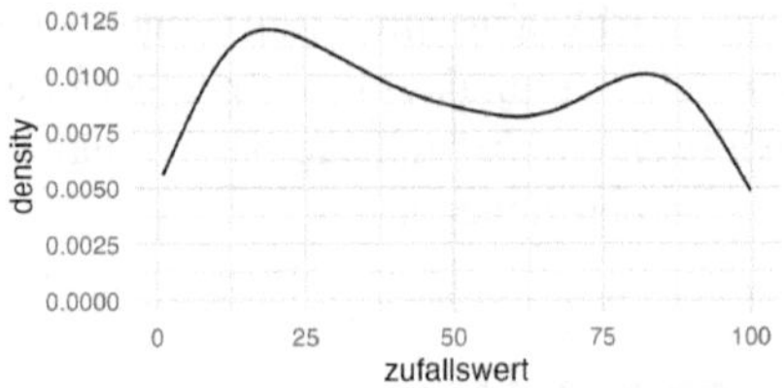

Hat man speziellere Anforderungen an die Verteilung der Zahlen, kann man aus einer Vielzahl an Optionen wählen (`?Distributions`). *Normalverteilte* Zahlen lassen sich beispielsweise mit `rnorm()` erstellen. Anstatt einen Minimal- und einen Maximalwert anzugeben erfordert diese Funktion die Angabe des Mittelwerts und der Standardabweichung, um daraus einen normalverteilten Zufallsvektor zu generieren. Erneut lässt sich das Resultat anhand seiner Visualisierung überprüfen, die um die Anzeige des Mittelwerts ergänzt wurde.

```
library(ggplot2)

df_zufall <-
    data.frame(
        zufallswert = rnorm(
            n = 200,
            mean = 20,
            sd = 5
        )
    )

ggplot(
    data = df_zufall,
    mapping = aes(x = zufallswert)
) +
    geom_density(alpha = 0.1) +
    geom_vline(
        xintercept = 20,
        colour = "red"
    ) +
    theme_minimal()
```

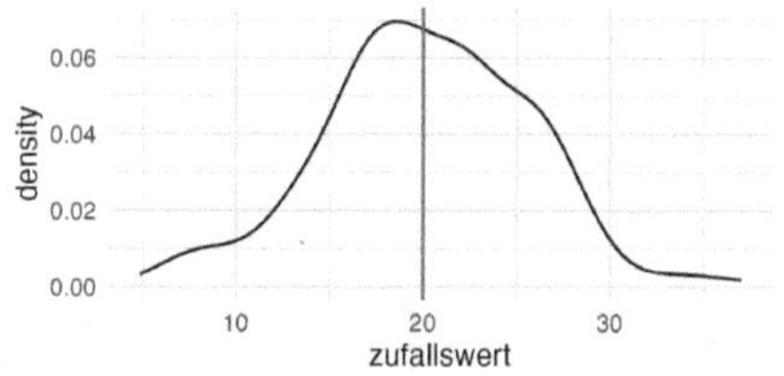

18.2 Den Zufall reproduzierbar machen

So paradox es zunächst klingen mag, ein grundlegendes Problem beim Generieren von Zufallszahlen ist es, dass diese sich mit jedem Ausführen verändern. Das entspricht sicherlich der Definition einer Zufallszahl, läuft aber reproduzierbaren Skripten zuwider. In R ist es deshalb möglich, einmal gezogene Zufallszahlen dauerhaft zu speichern. Die Reproduzierbarkeit der Zufallszahlen wird durch die Funktion `set.seed()` erreicht. Diese friert die Rahmenbedingungen ein, die zur Ziehung der jeweiligen Zufallszahlen geführt haben und speichert diese als bestimmten *Seed* ab.

Ermöglicht wird die Reproduzierbarkeit über das Argument `seed`, das mit einer beliebigen Zahl zu versehen. Wann immer das Skript erneut ausgeführt wird, greift es auf diesen speziellen *Seed* zurück und nutzt die identischen Zufallszahlen – es ist reproduzierbar. Es ist besonders vorteilhaft, dass beliebig viele *Seeds* genutzt werden können. Die jeweilige Fixierung der Rahmenbedingungen reicht so lange, bis ein weiterer `set.seed()`-Aufruf erfolgt oder das Skript, bzw. der ausgeführte Code, endet.

```
rnorm(3)
```

```
[1] -0.08568302  0.38051289 -0.99005685
```

```
set.seed(3)
rnorm(2)
```

```
[1] -0.9619334 -0.2925257
```

```
set.seed(17)
rnorm(3)
```

```
[1] -1.01500872 -0.07963674 -0.23298702
```

```
rnorm(3)
```

```
[1] -0.8172679  0.7720908 -0.1656119
```

```
set.seed(17)
rnorm(3)
```

```
[1] -1.01500872 -0.07963674 -0.23298702
```

```
set.seed(3)
rnorm(2)
```

```
[1] -0.9619334 -0.2925257
```

18.3 Zufallsstichproben ziehen – inklusive Beispiel

Eine Anwendung von Zufallszahlen stellt das Ziehen einer Zufallsstichprobe dar. Hierfür existiert in R ein ganz spezielles Werkzeug, das es ermöglicht aus einem vorgegebenen Zahlenbereich beliebig viele ganzzahlige Zahlen zufällig zu entnehmen:

```
sample(1000, size = 5)
```

```
[1] 548 698 875 991 392
```

```
sample(-10:10, size = 3)
```

```
[1]  9 -1 -3
```

Der `sample()`-Funktion muss dabei zunächst ein Zahlenbereich, also ein numerischer Vektor, übergeben werden. Mittels dem Argument `size` kann dann festgelegt werden, wie viele Zahlen aus diesem Bereich zufällig gezogen werden sollen.

Damit ist noch keine Auswahl aus einem bestehenden Datensatz realisiert. Nutzt man die Resultate von `sample()` allerdings als zufällig zusammengestellte Indexangaben, lässt sich die gewünschte Zufallsstichprobe ziehen. Der hierfür nötige Code in Pipe-Form stellt zunächst einen zufällig gezogenen Index zusammen. Hierzu wird die Gesamtzahl der Zeilen (Fälle) des Datensatzes `df_tee` gezählt, was dem Bereich entspricht, aus dem drei zufällige Zahlen (Indizes von Zeilen) bestimmt werden. Diese werden schließlich zum *Subsetting* verwendet:

```
set.seed(2625)

zufaellige_index_auswahl <-
    df_tee |>
    nrow() |>
    sample(size = 3)

df_tee[zufaellige_index_auswahl, ]
```

```
# A tibble: 3 x 7
     id nachname vorname bevorzugter_tee bio_tee tassen_pro_tag alter
  <dbl> <chr>    <chr>   <chr>           <chr>   <chr>          <dbl>
1     2 Dunkel   Olivia  Grüner Tee      nein    1                 34
2     4 Gorman   Björn   Grüner Tee      ja      2                 43
3     8 Metz     Amelie  Grüner Tee      nein    2                 NA
```

Durch die Festlegung eines *Seeds* wird sichergestellt, dass das Ergebnis reproduzierbar ist. Das gilt auch für Code, der eine etwas andere Syntax verwendet. Beispielsweise lässt sich eine Zufallsauswahl auch mithilfe von Tidyverse-Werkzeugen umsetzen. Der ggf. etwas umständliche Weg über einen zufällig generierten Auswahlvektor entfällt hierbei:

```
library(dplyr)

set.seed(2625)

df_tee |>
    slice_sample(n = 3)
```

```
# A tibble: 3 x 7
     id nachname vorname bevorzugter_tee bio_tee tassen_pro_tag alter
  <dbl> <chr>    <chr>   <chr>           <chr>   <chr>          <dbl>
1     2 Dunkel   Olivia  Grüner Tee      nein    1                 34
2     4 Gorman   Björn   Grüner Tee      ja      2                 43
3     8 Metz     Amelie  Grüner Tee      nein    2                 NA
```

Damit endet die kleine Übersicht der unterschiedlichen Workflow-Phasen und speziellerer Themen. In den letzten beiden Lernschritten werden diese anhand realer Daten in ein praxisnahes Beispielprojekt übersetzt.

Teil V
Ein Beispiel-Projekt: Mediennutzung (ESS)

Allgemeines zur Organisation von R Projekten 19

Bevor eine exemplarische Analyse von Daten des *European Social Survey* vorgestellt wird, widmet sich dieser Lernschritt den allgemeinen Grundlagen der Projektorganisation. Das ist ein durchaus folgenschweres Thema, welches häufig vernachlässigt wird. Zwar leisten bereits RStudio Projekte (vgl. Kap. 3) einen wichtigen Beitrag, um eine Klammer um zusammenhängende Daten und Dateien zu setzen. Die Art und Weise wie eben diese konkret organisiert werden, bleibt allerdings undefiniert.

R und RStudio können weitestgehend den eigenen Bedürfnissen und Präferenzen angepasst werden. An und für sich ist das eine große Stärke, die allerdings die Schattenseite aufweist, dass Projekte in Ermangelung struktureller Vorgaben schnell unübersichtlich werden können. Es ist daher hilfreich, die Organisation von Dateien, Daten und Ergebnissen zielführend anzulegen. Wie genau das geschehen kann, wird rege diskutiert (z. B. Csefalvay 2018). Die in diesem Lernschritt präsentierten Ideen, sind daher keineswegs als goldene Regeln zu verstehen. Vielmehr sind sie Vorschläge, die vor allem Denkanstöße liefern soll, um die eigenen Vorhaben zielsicher und nachhaltig realisieren zu können.

19.1 Aufgaben aufteilen: Ordnung durch mehrere Skripte herstellen

Die erste Idee bezieht sich darauf, dass es in der Regel sinnvoll ist, unterschiedliche Aufgaben und Zielsetzungen in eigens dafür angelegten Skripte zu kapseln. Anstatt also ein einziges überlanges Skript für ein Projekt anzulegen, besteht dieses aus einer Vielzahl an einzelnen Skript-Dateien. Wie Abb. 19.1 zeigt, könnte z. B. ein

F. Mundt und K. Horvath, *R Essentials*, Quantitative Sozialforschung,
https://doi.org/10.1007/978-3-658-48794-2_19

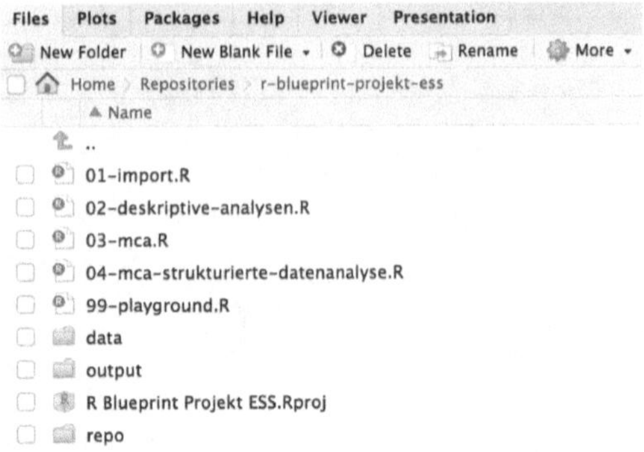

Abb. 19.1 Exemplarische Projektorganisation im RStudio File Pane

Skript für den Import der Daten angelegt werden, während die deskriptive und die weiterführende Analyse jeweils als weitere eigene Skript-Dateien abgespeichert werden. Dabei kann es hilfreich sein, die Namen durch vorangestellte Nummern zu sortieren und konsequent einem Benennung-Schema zu folgen.

Zur internen Organisation der einzelnen Skripte wurde in Lernschritt 2 (Kap. 2) bereits vorgeschlagen sogenannte *Code Sections* (spezielle Kommentare) zu nutzen. Meistens beginnt der Code mit einer Überschrift gefolgt vom Laden der notwendigen Pakete und Daten, bevor mit diesen gearbeitet wird, um abschließend die Ergebnisse zu sichern. Der letzte Punkt verweist auf ein kleines Problem, das sich bei der Arbeit mit multiplen Skript-Dateien ergibt: Wenn vermieden werden soll, dass nach jedem Schließen von RStudio (womit alle importierten Daten und erzeugten Objekte der R Session gelöscht werden) das komplette Import-Skript ausgeführt werden muss, braucht es eine Möglichkeit die erzeugten R Objekte dauerhaft zu speichern.

19.2 R Objekte speichern und laden

Genau das gelingt, indem Objekte der R Environment »serialisiert« werden. Damit ist gemeint, dass einzelne Objekte auf der Festplatte als Datei abgespeichert werden. Diese speziellen R-Objekt-Dateien lassen sich wie jede andere Datei behandeln mit dem für R gewichtigen Vorteil, dass sie sich laden und weiternutzen lassen. Das `readr`-Paket liefert die nötigen Funktionen zum Speichern und Laden. Bei `write_rds()` und `read_rds()` handelt es sich lediglich um »moderne« Wrapper um die »Base R« Funktionen `saveRDS()` und `readRDS()`.

```
library(readr)

df_meine_daten <-
    data.frame(
        id = 1:3,
        gender = c("Divers", "Männlich", "Weiblich"),
        score = c(10.22, 9.87, 10)
    )

write_rds(
    df_meine_daten,
    file = "repo/df-meine-daten.rds",
    compress = "gz"
)
```

Der Speichervorgang von R Objekten ähnelt im Grunde den bereits vorgestellten Speichervorgängen von z. B. Textdateien. Es gelten also die gleichen Regeln für die Angabe des Speicherpfads. Dass R Objekte »direkt« auf die Festplatte gespeichert werden, drückt die Dateiendung ».rds« aus. Dieses Format ermöglicht eine, wenn auch standardmäßig deaktivierte, Kompression. Vor allem große Datensätze oder komplexe Plots können so deutlich in ihrer Dateigröße reduziert werden. Da beim Laden das so gepackte Objekt allerdings erst wieder dekomprimiert werden muss, dauert dieser Vorgang etwas länger. Speichern lassen sich tatsächlich alle R Objekte, vom einzelnen Vektor über umfassende Data frames bis hin zu halbfertigen Plots:

```
library(ggplot2)

p_gender_score <-
    ggplot(
        data = df_meine_daten,
        mapping = aes(
            x = gender,
            y = score
        )
    ) +
    geom_col() +
    theme_minimal()
p_gender_score
```

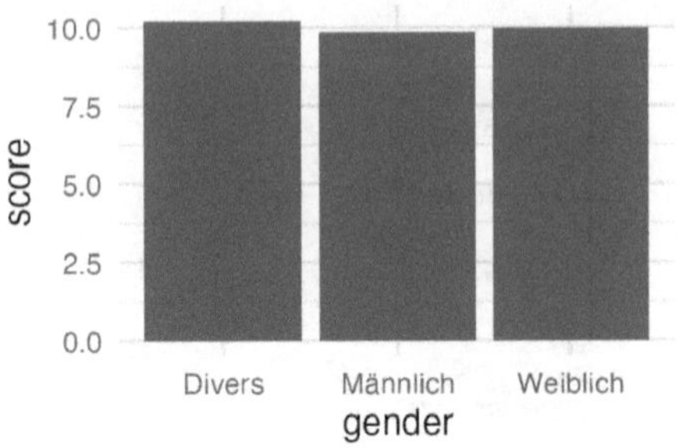


```
write_rds(
  p_gender_score,
  file = "repo/p-gender-score.rds",
)
```

Das Laden von serialisierten R Objekten gestaltet sich im Vergleich zu externen Daten (CSV, SPSS etc.) denkbar einfach. Da es sich um R Objekte handelt, muss keine aufwändige Kontrolle der Daten durchgeführt werden. Einzig ein (neuer) Name ist anzugeben, unter dem das geladene Objekt fortan genutzt werden kann.

► **Objekte als RDA-Datei speichern**
R Objekte können auch als sogenannte RData Dateien, deren Endung ».rda« (oder ».RData«) ist, gespeichert werden. Im Unterschied zu RDS-Dateien wird dabei allerdings der Name des Objekts mitgespeichert und beim Laden wiederhergestellt. Das kann zu Konflikten mit bestehendem Code führen, weshalb beim Speichern mit `save()` und dem Laden mit `load()` Vorsicht geboten ist.

```
library(readr)
library(ggplot2)

p_ein_plot <- read_rds("repo/p-gender-score.rds")
df_daten <- read_rds("repo/df-meine-daten.rds")

p_ein_plot
```

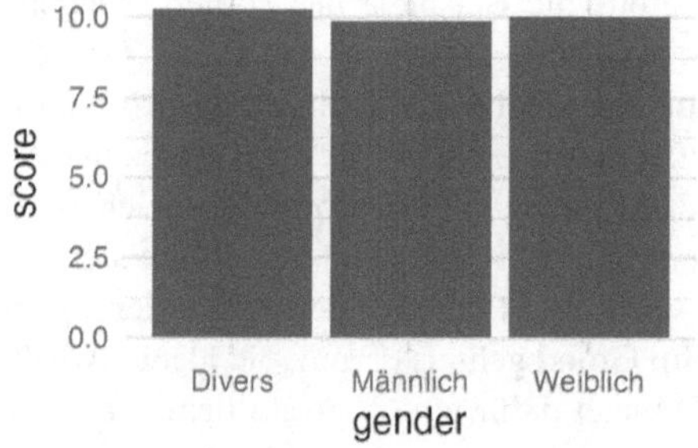


```
  id   gender score
1  1   Divers 10.22
2  2 Männlich  9.87
3  3 Weiblich 10.00
```

Gerade diese Notwendigkeit der expliziten Namensgebung innerhalb des Skripts, das auf ein gespeichertes Objekt zugreift, macht RDS-Dateien attraktiv. Im Sinne der Reproduzierbarkeit und Einfachheit wird so sichergestellt, dass es zu keinen unvorhergesehenen Konflikten durch identische Namen kommen kann. Zugleich können Skripte geregelt miteinander »kommunizieren«, indem z. B. die Ergebnisse des Import-Skripts aufgeräumte RDS-Objekten darstellen. Auf die abgespeicherten Objekte kann dann in anderen Skripten zugegriffen werden kann.

Damit dieser Kommunikationsprozess in überschaubaren Bahnen abläuft, bietet es sich auch hier an, über *Namenskonventionen* nachzudenken. Eine im Kontext des Tidyverse weit verbreitete Konvention besteht darin, alle Objektnamen mit einem Unterstrich zu formulieren, der beim Speichern als RDS-Datei zu einem Minus geändert wird. Aus dem Objekt `df_data` wird demzufolge die Datei `df-data.rds`, die dann erneut als `df_data` geladen werden kann. Es mag sicherlich Situationen geben, in denen ein allzu starres Festhalten an dieser Regel mehr verhindert, als dass es nützt. Trotzdem ist es langfristig hilfreich Routinen aufzubauen, die den Umgang mit einer Vielzahl an Dateien anleiten.

19.3 Eine unterstützende Ordnerstruktur anlegen

Ein erster Ansatzpunkt für Routinen kann die Etablierung einer unterstützenden Ordnerstruktur sein. Wie in Abb. 19.1 zu sehen ist, besteht eine Möglichkeit darin, spezielle Ordner für die externen »Rohdaten« *(data),* die gespeicherten R Objekte *(repo)* und alle Ergebnisse, z. B. Visualisierungen, *(output)* anzulegen.

Dieser Logik sind bereits die Beispiele des vorhergehenden Abschnitts gefolgt. Da die RStudio Projekt-Datei auf der Ebene dieser Ordner liegt, kann intuitiv aus den Skripten auf die Inhalte der Ordner zugegriffen werden. Daten lassen sich z. B. über den Pfad `"data/survey.csv"` laden und Visualisierungen über `öutput/Balkendiagramm Alter.png"` abspeichern. Da alles »seinen Ort« hat, fällt die Orientierung nicht schwer und man »fühlt sich schnell zu Hause«.

Damit dürfte der wichtigste Punkt bei der Strukturierung von Projekt(-ordnern) angesprochen sein: Im Grund geht es darum, die ideale Arbeitsumgebung für sich selbst zu kreieren. R bietet dafür eine Vielzahl flexibler Werkzeuge, die allesamt große Freiheitsgrade mit sich bringen. In der Hoffnung, dass die bisherigen Lernschritte dazu beigetragen haben, erste Schritte auf dem eigenen Weg ins R Universum zu gehen, bildet die Präsentation eines exemplarischen *Real World Projekts* den Abschluss dieser Einführung.

20 Ein exemplarisches *Real World Projekt* realisieren

Dieser letzte Lernschritt weicht etwas von den vorherigen ab. Anstatt einzelne Code-Beispiele anzuführen und diese zu erläutern, steht die Arbeit mit »echten« Erhebungsdaten im Mittelpunkt. Zu diesem Zweck wurde ein komplettes R Projekt umgesetzt, das online abgerufen werden kann: https://gitlab.com/r-essentials/r-blueprint-projekt-ess. In gewisser Weise subsumiert das Projekt die vorangegangenen Themen und illustriert deren Anwendung exemplarisch. Es geht um das Ineinandergreifen der bisher mehr oder weniger isoliert betrachteten Konzepte.

Der frei verfügbare Code wurde mit Kommentaren versehen und ist als Einladung zum individuellen Lernen und Vertiefen zu verfasst. Damit das ohne größere Hindernissen gelingt, werden im Folgenden zunächst die analysierten Daten und der Projektaufbau vorgestellt, bevor die exemplarische Auswertungsstrategie präsentiert wird. Spezielle Kenntnisse die verwendete Methode betreffend sind dabei nicht nötig. Die praxisnahe Realisierung eines sozialwissenschaftlichen Forschungsvorhabens mit R steht im Mittelpunkt.

> **Git mit RStudio nutzen**
> Anstatt das Projekt händisch herunterzuladen, kann auch die auf die Git-Integration von RStudio zurückgegriffen werden. Im Allgemeinen ist es empfehlenswert sich mit Git/GitLab/GitHub intensiver zu befassen (z. B. Keyes 2021).

F. Mundt und K. Horvath, *R Essentials*, Quantitative Sozialforschung,
https://doi.org/10.1007/978-3-658-48794-2_20

20.1 Die analysierten Daten und der Aufbau des Projekts

Um eine möglichst realistische Ausgangslage zu schaffen, werden frei zugängliche Daten des *European Social Survey* (ESS 2024) verwendet. Analysiert wird die Variablengruppe rund um *Media use and trust.* Der CSV-Datensatz umfasst Daten von fünf Ländern, u. a. Deutschland und Schweden. Im Zuge der Analyse, die analog zu den im vorhergehenden Lernschritt skizzierten Ideen aufgebaut ist, werden die Daten zunächst importiert, deskriptiv analysiert und schließlich für eine konkrete Auswertung aufbereitet. Die Quelldaten inklusive Codebook finden sich im Ordner »data«. Im Ordner »output« sind fertige Grafiken abgespeichert, die sich durch das Skript »04-mca-visualisieren.R« replizieren lassen.

Obwohl die Reproduktion aller erstellten Objekte und Ergebnisse im Rahmen des Projekts sichergestellt ist, sind im Ordner »repo« die Resultate der Skripte 01 bis 03 abgespeichert. Man kann also direkt mit den Visualisierungen starten oder sich zunächst dem Importvorgang zuwenden. Der eigentliche Code ist so verfasst, dass die Anschlussfähigkeit zu den hier thematisierten Lernschritten gewährleistet ist. Gleichzeitig werden bewusst ein paar neue Funktionen und Lösungsansätze eingebracht, was einer weiterführenden Vertiefung Vorschub leisten soll.

20.2 Die exemplarische Auswertungsstrategie

Um eine möglichst realistische Verarbeitung der Daten zu garantieren, ist das Projekt als *geometrische Datenanalyse* (vgl. Le Roux/Rouanet 2010) angelegt. Auch wenn das exemplarisch verwendete statistische Verfahren der *multiplen Korrespondenzanalyse* (MCA) vor allem für sozialwissenschaftliche Forschungsvorhaben geradezu prädestiniert ist, werden tiefere Kenntnisse nicht vorausgesetzt. Im Grunde geht es bei der Analyse der ESS Mediendaten darum, nach Antwortmustern der befragten Personen zu suchen. Hierzu werden Techniken eingesetzt, die diese Muster visuell sichtbar machen. Im Verlauf der Auswertung kann nachvollzogen werden, wie die Daten für dieses Vorhaben aufbereitet werden. Letztendlich umfasst die Analyse fünf kategoriale Variablen, also Faktoren in R. Es wird nach einschlägigen Mustern zwischen den Angaben zur Nutzung des Internets und der Einschätzung anderer Menschen in Bezug auf ihre Hilfsbereitschaft, Vertrauenswürdigkeit und Fairness gefragt. Die visuell sichtbar gemachten Zusammenhänge werden abschließend länderspezifisch in den Blick genommen. Wie vor allem die Skripte »03-mca.R« und »04-mca-visualisieren.R« zeigen, sind dafür einige Operationen in R nötig. Insbesondere die letzte Visualisierung der länderspezifischen Unterschiede fällt dabei recht komplex aus. Abb. 20.1 zeigt die Visualisierung der sogenannten »Konzentrationsellipsen«.

Auch wenn die Darstellung aus forschungsmethodischer Sicht aufschlussreiche und interessante Ansatzpunkte liefert, sind es vor allem die fortgeschrittenen R-Techniken, auf die es an dieser Stelle ankommt. Das gesamte exemplarische *Real World Projekt* lässt sich, das wird hier besonders deutlich, als Steinbruch mit Aufforderungscharakter zur individuellen Auseinandersetzung lesen.

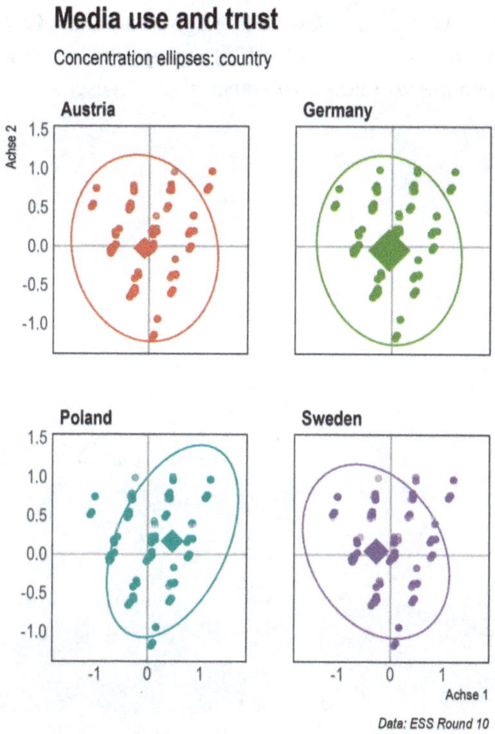

Abb. 20.1 Visuell aufbereitetes Ergebnis der MCA

20.3 Zum Schluss: Ergebnisse mitteilen mit Quarto

Selbiges gilt für die Datei »05-mca-bericht.qmd«, die den Weg in die Welt der dynamischen Dokumente weist. Vor allem in den letzten Jahren haben Technologien, die es ermöglichen R Code direkt in Textdokumenten zu integrieren für einiges Aufsehen gesorgt. Artikel, Bücher, Websites und ganze Webanwendungen lassen sich mittlerweile mit R verfassen. Die Zeiten des *Drag & Drop* von Grafiken in das Textverarbeitungsprogramm der Wahl sind Geschichte. Der moderne Ansatz ermöglicht es die Visualisierungen direkt im Fließtext zu verfassen – natürlich in R (und Quarto 2024a). Wie genau diese teils magisch anmutende Welt funktioniert, übersteigt allerdings das Spektrum dieser Einführung. Die Voraussetzungen, von ihr zu profitieren, haben die 20 Lernschritte aber allemal geschaffen. In diesem Sinn: *useR!*

Weiterführende Quellen

Chang, Winston (2024): R Graphics Cookbook 2. Aufl., Sebastopol: O'Reilly, abrufbar unter: https://r-graphics.org, letzter Zugriff am 20.2.2024.

Crawley, Michael J (2007): The R Book, Chichester: Wiley & Sons.

Csefalvay, Chris von (2018): Structuring R projects, abrufbar unter: https://www.r-bloggers.com/2018/08/structuring-r-projects/, letzter Zugriff am 20.2.2024.

Emaasit, Daniel (2024): ggplot2 Extensions, abrufbar unter: https://exts.ggplot2.tidyverse.org, letzter Zugriff am 20.2.2024.

ESS (2024): The European Social Survey ESS ERIC (Hrsg.), abrufbar unter: https://www.europeansocialsurvey.org, letzter Zugriff am 20.2.2024.

GitHub (2024): Copilot, abrufbar unter: https://github.com/features/copilot, letzter Zugriff am 16.2.2024.

Healy, Kieran (2019): Data Visualization: A Practical Introduction, Princeton: Princeton University Press.

Keyes, David (2021): How to Use Git/GitHub with R, abrufbar unter: https://rfortherestofus.com/2021/02/how-to-use-git-github-with-r/, letzter Zugriff am 20.2.2024.

Le Roux, Brigitte/Rouanet, Henry (2010): Multiple Correspondence Analysis, London: SAGE.

Locke, Stephanie (2017): Working with R, Cardiff: Locke Data Ltd.

Luhmann, Maike (2020): R für Einsteiger: Einführung in die Statistik-Software für die Sozialwissenschaften 5. Aufl., Weinheim/Basel: Beltz.

Müller, Kirill/Wickham, Hadley (2023): tibble: Simple Data Frames, abrufbar unter: https://CRAN.R-project.org/package=tibble.

Nivard, Michel (2024): GPTstudio, abrufbar unter: https://github.com/MichelNivard/GPTstudio, letzter Zugriff am 16.2.2024.

Peng, Roger D (2016): R Programming for Data Science, Victoria: Leanpub.

Posit (2023): RStudio User Guide: GitHub Copilot, abrufbar unter: https://docs.posit.co/ide/user/ide/guide/tools/copilot.html, letzter Zugriff am 16.2.2024.

Posit (2024a): Quarto, abrufbar unter: https://quarto.org, letzter Zugriff am 7.1.2022.

Posit (2024b): RStudio Addins, abrufbar unter: https://rstudio.github.io/rstudioaddins/, letzter Zugriff am 16.2.2024.

Posit (2024c): Tidyverse: R packages for data science, abrufbar unter: https://www.tidyverse.org, letzter Zugriff am 15.2.2024.

F. Mundt und K. Horvath, *R Essentials*, Quantitative Sozialforschung,
https://doi.org/10.1007/978-3-658-48794-2

The R Foundation (2024): Getting Help with R, abrufbar unter: https://www.r-project.org/help.html, letzter Zugriff am 16.2.2024.
Wickham, Hadley (2015): Advanced R, Boca Raton: CRC Press.
Wickham, Hadley (2019): Advanced R 2. Aufl., Boca Raton: CRC Press.
Wickham, Hadley/Çetinkaya-Rundel, Mine/Grolemund, Garrett (2023): R for Data Science: Import, Tidy, Tranform, Visualize, and Model Data, Sebastopol: O'Reilly, abrufbar unter: https://r4ds.hadley.nz, letzter Zugriff am 9.2.2024.
Wickham, Hadley/Navarro, Danielle/Pedersen, Thomas Lin (2024): ggplot2: Elegant Graphics for Data Analysis 3. Aufl., Springer, abrufbar unter: https://ggplot2-book.org, letzter Zugriff am 20.2.2024.
Wilke, Claus O. (2019): Fundamentals of Data Visualization, Sebastopol: O'Reilly.
Wilkinson, Leland (2005): The Grammar of Graphics 2. Aufl., New York: Springer.

Zeitfracht Medien GmbH
Ferdinand-Jühlke-Straße 7
99095 Erfurt, Deutschland
produktsicherheit@kolibri360.de